Felix Plötz

Das Ende der dummen Arbeit

Felix Plötz

Das Ende der dummen Arbeit

Wie du als Angestellter zu mehr Geld,
Sinn und Freiheit kommst

Econ

Econ ist ein Verlag
der Ullstein Buchverlage GmbH
ISBN 978-3-430-20253-4
© der deutschsprachigen Ausgabe
Ullstein Buchverlage GmbH, Berlin 2018
© für Abbildungen Maria Herrlich, Berlin
Alle Rechte vorbehalten
Gesetzt aus der Quadraat bei L42 AG, Berlin
Druck und Bindearbeiten: CPI books GmbH, Leck
Printed in Germany

Inhalt

1
Das Ende der dummen Arbeit: Was für Angestellte und Unternehmen heute möglich ist

»Ich verstehe nicht, warum die Menschen Angst vor neuen Ideen haben.
Ich habe Angst vor den alten.«
John Cage

Mein Name ist Felix Plötz – und ich habe einen Traum. Ich träume davon, dass wir zukünftig in einer Welt leben, in der Arbeit nicht mehr als notwendiges Übel betrachtet wird. Ich träume von einer Arbeitswelt, in der kein Mensch mehr von starren Hierarchien, lähmender Bürokratie oder endlosen Meetings genervt sein muss. Von einer Welt, in der sich niemand morgens in sein Büro oder in seine Werkstatt quälen muss, nur um sehnsüchtig die Stunden bis zum Feierabend herunterzuzählen. Kurz gesagt: Ich träume vom Ende der dummen Arbeit! Und das Beste daran ist: Dieser Traum beginnt gerade wahr zu werden.

Denn seit Kurzem sprießen neue, fast unglaubliche Möglichkeiten wie Pilze aus dem Boden. Endlich bekommen wir die Chance, eigene Ideen kreativ umzusetzen, Neues zu schaffen und dabei mit außergewöhnlichen Leuten zusammenzuarbeiten. Um diesen Luxus genießen zu können, müssen wir nicht unseren Job kündigen. Wir müssen auch kein eigenes Unternehmen oder Startup gründen. Mehr Freiheit, Sinn und Erfüllung kannst du auch als ganz normaler Angestellter mit einem festen Einkommen und mit allen Sicherheiten des Angestelltendaseins finden.

Du hast richtig gelesen: Eine Arbeit, die dir Spaß macht, dich kreativ sein lässt, deinen Träumen Raum gibt und dir mehr persönliche Freiheit gewährt, kannst du heute auch als Angestellter in einem ganz normalen Unternehmen finden. Noch vor wenigen Jahren habe ich das selbst nicht für möglich gehalten. Auch aufgrund meiner eigenen Erfahrung als Vertriebsingenieur in einem Großkonzern hielt ich die Welt der Angestellten für begrenzt spannend. Sie hatte wenig mit dem zu tun, was ich mir unter einem erfüllten, sinnvollen Arbeitsleben vorstellte. Es gab zu viele sinnlose Meetings, zu viel Silodenken und zu wenig echten Gestaltungsraum. Der Titel auf meiner Visitenkarte klang eindrucksvoll und wichtig. Nur meine Arbeit war es schlichtweg nicht. Irgendwann wusste ich nicht mehr, warum ich morgens ins Büro ging. Klar, mein Konto wurde voller. Doch innerlich wurde ich immer leerer.

Deshalb gründete ich damals neben meinem Job ein eigenes Startup. Ich baute es neben meinem Vollzeitjob so weit auf, bis das Risiko niedrig genug war, um meinen Job zu kündigen und meine Konzernkarriere aufzugeben. Über meine Erfahrungen auf diesem Weg habe ich das Buch *Das 4-Stunden-Startup* geschrieben. Darin zeige ich, wie man neben seinem regulären Job eigene Ideen umsetzt und ein kleines Business aufzieht, um ein erfüllteres Leben zu führen. Ich war und bin davon überzeugt, dass ganz normale Angestellte alles mitbringen, was es braucht, um erfolgreich unternehmerisch tätig zu sein. Unternehmertum ist für mich nichts Elitäres für Leute wie Marc Zuckerberg oder die Samwer-Brüder von Zalando. Außerdem bin ich weiter davon überzeugt, dass man dafür seinen normalen Job nicht kündigen muss.

Natürlich kannst du mit einem erfolgreichen 4-Stunden-Startup irgendwann das Hamsterrad verlassen. Doch dies ist dann deine freie Entscheidung und nicht die zwingende Voraussetzung, um überhaupt anfangen zu können. Ich selbst bin diesen Weg gegangen. Auch ich habe mein Angestelltenleben zunächst durch ein 4-Stunden-Startup bereichert und mich erst später entschieden, das Konzernleben aufzugeben.

Obwohl ich wusste, dass viele von einer solchen Veränderung träumen, hat mich der enorme Erfolg des Buchs überrascht. Ich hatte zwar geahnt, dass es einen Nerv treffen würde. Aber dass das Buch über zwei Jahre auf den Bestsellerlisten stehen würde, hätte ich mir in meinen wildesten Träumen nicht vorstellen können. Ich hatte nicht damit gerechnet, dass es derart viele Menschen gibt, die in ihrer »normalen« Arbeit keinen Sinn mehr sehen, so gelangweilt oder frustriert sind, dass sie unbedingt ihr eigenes Ding machen wollen, selbst wenn sie dafür einen Großteil ihrer Freizeit investieren müssen. Denn ein 4-Stunden-Startup betreibst du, wie der Name andeutet, zusätzlich zu deinem normalen Job – an Wochenenden und nach Feierabend. Das ist auf die Dauer nicht ohne!

Ein 4-Stunden-Startup zu gründen ist heute natürlich genauso möglich wie 2011, als ich das erste Mal »nebenbei« gegründet hatte, oder 2016, als das Buch erschienen ist. Die gute Nachricht ist aber: Das ist nicht mehr die einzige Möglichkeit, um neben dem normalen Tagesgeschäft unternehmerisch tätig zu sein und eigene Ideen umzusetzen. Die Arbeitswelt hat sich in dieser kurzen Zeit massiv verändert. Heute gibt es neben klassischen Startups und 4-Stunden-Startups eine weitere, höchst spannende Alternative: Unternehmer im Unternehmen werden, also ein unternehmensinternes Startup aufzubauen. Ein anderer Begriff dafür ist »Intrapreneur«. Er meint, dass man wie ein Entrepreneur – der typische, innovative Unternehmer mit Gründergeist – als Angestellter in einer etablierten Firma agiert. Das kann ganz verschiedene Formen annehmen: zum Beispiel einen Teil der regulären Arbeitszeit für das eigene unternehmerische Projekt nutzen, in einem vom Unternehmen initiierten Programm an Innovationen arbeiten, ein internes Startup gründen oder in einem internen Startup-Team mitarbeiten. Um selbstbestimmter und freier arbeiten zu können, musst du aber nicht unbedingt bei einem unternehmerischen Projekt mitwirken. Du kannst dir selbst Freiräume schaffen, Verantwortung übernehmen und deine Arbeit insgesamt unbürokratischer und sinnvoller gestalten. Wie du das konkret angehst, ist ein wichtiges Thema in diesem Buch.

All das ist heute möglich, weil sich in den letzten paar Jahren die Verhältnisse in vielen etablierten Unternehmen zum Besseren hin verändert haben. Chefs sind offener geworden für die Ideen ihrer Angestellten und fördern deren Unternehmergeist. Außerdem schaffen sie auch immer mehr Möglichkeiten, damit ihre Mitarbeiter sich persönlich entfalten können. Diese Veränderungen finden auf breiter Front statt: in DAX-Konzernen genauso wie in kleinen, inhabergeführten Unternehmen. Der Grund für diese positive Entwicklung ist übrigens nicht rein altruistisch.

Die Unternehmer und Manager tun dies auch als Reaktion auf die zunehmend komplexer werdende, unsichere und weniger berechenbare Arbeitswelt – weil die Digitalisierung eine enorme Veränderungsgeschwindigkeit in die Wirtschaft gebracht hat. Die Antworten auf diese Umbrüche sind mehr Eigenverantwortung für Mitarbeiter, sich selbst steuernde Teams, radikale Kundenorientierung – und das Fördern von Innovationen. Dabei bedienen sich die etablierten Unternehmen bei den Innovationstreibern der letzten Jahre, und das sind vor allem Startups. Viele traditionelle Unternehmen haben inzwischen begriffen, dass sie nur überleben können, wenn sie Innovationen fördern und für die Innovatoren Bedingungen schaffen, unter denen diese mit den Methoden und dem Geist von Startups arbeiten können.

Dieser Wandel eröffnet Angestellten genauso wie Menschen, die heute noch in der Startup-Welt zu Hause sind, neue Optionen. Für alle, die eigene Ideen umsetzen möchten und unternehmerisch tätig sein wollen, bietet Unternehmertum im Unternehmen sogar viele Vorteile, die man als »normaler« Startup-Gründer nicht genießt.

Welche Vorteile sind das? Zunächst einmal Infrastruktur und Ressourcen: Jedes bestehende Unternehmen verfügt schon über Abteilungen wie Forschung und Entwicklung, Buchhaltung, Controlling, Personalwesen, Vertrieb, Marketing, Public Relations. Es existieren bereits zahlreiche Kundenkontakte, ein Netzwerk aus Herstellern und Lieferanten, Vertriebskanäle zu Händlern, Zwischenhändlern oder Endkunden. Ein Startup muss sich all das erst mühsam aufbauen – was nicht nur Zeit und Geld kostet, sondern den Gründer meist dazu zwingt, Dinge zu tun, von denen er keine Ahnung hat. Auch in einem 4-Stunden-Startup muss man sich mit Versicherungen, Ämtern und anderen Dingen beschäftigen, auf die man vielleicht gar keine Lust hat. Ein etabliertes Unternehmen kann ein professionelles Umfeld bieten – und verfügt nicht zuletzt auch über finanzielle Ressourcen, die ein Gründer oft nicht hat. Das erhöht die Erfolgswahrscheinlichkeit gegenüber einem eigenen Startup, weil es einige der typischen Stolperfallen eliminiert.

Der zweite Vorteil: Unternehmer im Unternehmen zu sein ist relativ risikolos und bietet Sicherheit. Als Angestellter bekommst du dabei jeden Monat weiter dein Gehalt überwiesen und gehst nicht selbst in finanzielle Vorlage. Du musst nicht alles auf eine Karte setzen. Diese Sicherheit kann Gold wert sein, zum Beispiel wenn du gerade eine Familie gegründet hast, wenn du eine Immobilie finanzierst oder wenn deine Lebenssituation aus anderen Gründen das Experiment eines eigenen Startups nicht zulässt. Der Weg, unter dem Dach eines etablierten Unternehmens wie ein Entrepreneur zu agieren, bietet gewissermaßen das Beste aus zwei Welten: die Sicherheit eines Angestelltenverhältnisses kombiniert mit der Freiheit und den Chancen, die eine neue Geschäftsidee bietet.

Und selbst, wenn dein erstes Projekt als Intrapreneur nicht gleich »das nächste große Ding« wird: Als Unternehmer im Unternehmen sammelst du trotzdem wertvolle Erfahrungen. Du blickst über den Tellerrand, lernst viel Neues, erweiterst dein Fachwissen, und du wächst auch als Persönlichkeit. Unternehmerisches Denken und Handeln bekommt man nicht in einem Fortbildungsseminar oder an der Uni beigebracht. Das funktioniert nur in der Praxis. Ob das Projekt gelingt oder scheitert, am Ende kannst du nur davon profitieren: Ist das neue Geschäftsmodell oder das neue Produkt erfolgreich, kannst du dich zu hundert Prozent darauf konzentrieren. Und selbst wenn der Erfolg ausbleibt, wirst du ein gefragter Mitarbeiter sein, denn unternehmerische Erfahrung ist hierzulande in der Wirtschaft ein rares Gut, das jetzt Teil deiner Vita ist – in der Praxis erworben und nicht nur durch ein zweitägiges Innovationsseminar.

Natürlich kannst du später auch ein »richtiges« Startup gründen, wenn dich die Unabhängigkeit reizt. Auch dabei wirst du im Vorteil sein: Du wirst nicht so blauäugig an die Sache herangehen wie viele Startup-Gründer ohne Vorerfahrung, deren Erwartungen oftmals bitter enttäuscht werden – und die vielleicht sogar noch auf privaten Schulden sitzen bleiben.

Hast du dich als Unternehmer im Unternehmen bewiesen, dann stehen dir mehr und bessere Karrierewege offen als dem, der nicht über den Horizont seines Abteilungssilos hinausgeschaut hat, und zwar ganz unabhängig von Lebensalter und Position: Ob Berufseinsteiger oder erfahrene Mitarbeiterin, ob Praktikant oder Abteilungsleiterin, ob Fach- oder Führungskraft, ob Produktentwickler oder Vertriebler – das Modell Unternehmer im Unternehmen bzw. Intrapreneur steht im Prinzip allen offen.

Warum schreibe ich dieses Buch? Ich will dir zeigen, dass es bereits viele Beispiele dafür gibt, wie Angestellte ihre Arbeit kreativer und freier gestalten konnten und wie viele von ihnen es geschafft haben, eigene Ideen in ihrem Unternehmen umzusetzen und ihrer Arbeit wieder Sinn zu geben – sei es mit der vollen Unterstützung ihrer Chefs oder auch gegen anfängliche Widerstände. Ich will jungen Menschen, die von der Welt der Startups fasziniert sind, begründen, dass es manchmal besser, schneller und einfacher sein kann, das eigene Ding unter dem Dach eines Unternehmens durchzuziehen, als es mit einem eigenen Startup zu versuchen. Und ich will zeigen, warum Unternehmen vom Großkonzern bis zum Familienbetrieb davon profitieren, Selbstverantwortung, Eigeninitiative und Kreativität ihrer Mitarbeiter zu fördern und Startup-Spirit in ihrem Unternehmen nicht nur zuzulassen, sondern zu fördern, um für die Märkte der Zukunft gerüstet zu sein.

Um dir vor Augen zu führen, dass all dies bereits in Teilen der Arbeitswelt geschieht, dass das Ende der dummen Arbeit also bereits mehr als nur ein vager Traum mit großen Versprechungen ist, möchte ich dir nun von zwei realen Beispielen berichten. Sie geben dir einen authentischen Einblick hinter die Kulissen eines unternehmensinternen Startups. Und sie verdeutlichen, was alles geschehen kann, wenn Angestellte eigene unternehmerische Ideen entwickeln und ihre Chefs sie auch machen lassen.

Die Protagonisten haben mir ihre Storys selbst erzählt. Für dieses Buch habe ich sehr viele Menschen aus den unterschiedlichsten Unternehmen interviewt, deren reale Geschichten aus der Intrapreneurship-Praxis du hier lesen kannst. Darunter waren Unternehmer, Manager, Gründer und ganz normale Angestellte, die alle unterschiedliche Perspektiven auf das Thema haben.

MondayMakers: wie eine Idee zu freier, kreativer Arbeit führen kann

Als ich Caterine Schwierz im Januar 2017 kennenlerne, interviewt sie mich zum Thema *4-Stunden-Startup* für den Blog der Outplacement- und Karriere-Beratung von Rundstedt & Partner, wo sie als Chief Operating Officer (COO) Mitglied der Geschäftsleitung ist.

Nicht mal ein Jahr später vollziehen wir einen Rollentausch: Ich stelle die Fragen, und Caterine und einige ihrer Kollegen bei von Rundstedt erzählen mir ihre Geschichte. Innerhalb von wenigen Monaten haben sie es geschafft, neben ihren eigentlichen Tätigkeiten, die sie nach wie vor ausüben, ein neues Geschäftsmodell als unternehmensinternes Startup zu entwickeln: die MondayMakers.

Die MondayMakers beraten wie ihre Unternehmensmutter von Rundstedt Menschen in beruflichen Fragen. Von Rundstedt ist auf Outplacement spezialisiert, eine vom Arbeitgeber finanzierte Maßnahme für ausscheidende Mitarbeiter, um sie bei der beruflichen Neuorientierung zu unterstützen. Die MondayMakers richten sich an Menschen, die zwar einen festen Job haben, darin aber keine Erfüllung finden. Der Unternehmenszweck besteht also darin, Menschen zu helfen, glücklich und erfüllt bei ihrer Arbeit zu sein.

Caterine sagt, dass unser erstes Gespräch im Jahr davor etwas bei ihr in Bewegung gesetzt hat: Damals kam bei ihr der Gedanke auf, selbst unternehmerisch tätig zu werden. Da sie ihr Leben lang als Angestellte gearbeitet hatte, fiel es ihr anfangs nicht leicht, sich das vorzustellen. Sie hatte zwar viele Ideen, aber welche davon ließ sich wirklich in ein tragfähiges Geschäftsmodell umsetzen?

Die Antwort auf diese Frage kam ihr eines Tages während des

Lunchs in einem hippen Düsseldorfer Café. Caterine blätterte in einem Magazin und stieß auf die Story eines Startup-Unternehmers, der eine Online-Plattform für allgemeine Lebenshilfe aufgebaut hatte. Ihm war es gelungen, eine Community von über 7000 Mitgliedern aufzubauen. Während Caterine beim Mittagessen darüber nachdachte, machte es plötzlich bei ihr klick. Warum sollten sie und ihre Kollegen als erfahrene Karriereberater nicht etwas Ähnliches auf ihrem Gebiet schaffen und eine Online-Plattform entwickeln können?

Das Problem, das viele Menschen haben, kannte sie schon lange – doch jetzt konnte sie es auch konkret formulieren. Es gibt viele gut ausgebildete Menschen, die einen sicheren Job in einem guten Unternehmen ausüben, aber dennoch mit ihrer Arbeit nicht glücklich sind. Die Gründe dafür sind vielfältig: Es fehlt die Anerkennung, es gibt keine Entwicklungsperspektiven, der Job ist trotz eines guten Gehalts stinklangweilig, der Stress frisst sie auf oder es fehlt der Sinn bei der Arbeit. Diese Aufzählung ist längst nicht erschöpfend; es gibt viele Probleme, die Jobfrust hervorrufen können. Jeder von uns kann eine Reihe davon auflisten, und Caterine kennt als Karriereberaterin noch eine ganze Menge mehr. Seit jenem Lunch hatte sie ein Ziel vor Augen: Für diese Probleme will sie eine marktfähige Lösung schaffen.

Die fachlichen Kompetenzen, die dafür nötig sind, waren in ihrer Firma bereits vorhanden – es sind dieselben wie bei von Rundstedt. Die Karriereberater beschäftigen sich mit nichts anderem: Menschen zu einem Job zu verhelfen, der sie langfristig glücklich macht. Aber die MondayMakers richten sich nicht an Firmen, sondern an Angestellte. Die Menschen, die sie beraten, sind nun ihre Kunden, die sie auch bezahlen. Das erfordert eine andere Ansprache als bei den Unternehmen, in deren Auftrag Caterine und ihre Kollegen sonst tätig werden. Jeder Kunde muss einzeln überzeugt werden.

Die Idee, Karriereberatung für »Endkunden« anzubieten, ist nicht neu. Das Problem war in der Vergangenheit, den Zugang zu finden. Wie findet man die unzufriedenen Angestellten, und wie finden die umgekehrt eine professionelle Karriereberatung? Für Einzelberatungen entsteht zudem ein viel höherer Aufwand bei Akquise, Kundenbetreuung, Verwaltung, Abrechnung als bei einem Outplacement-Auftrag für einen Firmenkunden. Für beide Probleme gibt es heute, durch die Digitalisierung, neue Lösungen: Die Verwaltung lässt sich stark vereinfachen, Anbieter und Kunden finden sich über Online-Plattformen, sie können mithilfe von Videos oder Podcasts lernen und sogar in Echtzeit online kommunizieren, etwa über Skype. All das schafft eine Basis für ein Geschäftsmodell, das ein altes Problem auf neue Weise löst.

Caterine zögerte nicht, im Unternehmen Verbündete für ihre Idee zu finden. Sie erzählte Kolleginnen und Kollegen davon und organisierte erste Meetings, um ein Konzept auszuarbeiten. Diese ersten Schritte unternahm sie auf eigene Initiative neben ihrem eigentlichen Job als COO, ohne dass sie dafür einen offiziellen Auftrag hatte. Schnell fand sie Leute, die von ihrer Idee begeistert waren, und durch diese Gespräche entwickelte sich das bunt gemischte Kernteam der MondayMakers: Patrick Baur, seit dreizehn Jahren im Controlling bei von Rundstedt tätig, übernahm die Aufgabe des Business Development. Hannah Grethlein ist als Karriereberaterin schon über zehn Jahre in der Firma. Andrea Jochum kommt aus dem Bereich Marketing und Kommunikation – ein wichtiger Kompetenzbereich in jedem neuen Projekt dieser Tragweite. Claus Verfürth, der das Beratungssegment für Top-Führungskräfte bei von Rundstedt verantwortet, brachte von Anfang an seine Erfahrung ein.

Um das Konzept zu konkretisieren, nutzte das Team ein Tool aus der Welt der Lean Startups: das Business Model Canvas. Auf einer einzigen DIN-A4-Seite zeigt es das neue Geschäftsmodell und seine Entwicklungsmöglichkeiten. Mit diesem Modell wollten die fünf nun die Unternehmerin Sophia von Rundstedt ins Boot holen – und hatten Erfolg. Mit ihrer Idee rannte Caterines Team sogar offene Türen ein, denn die Unternehmerin hatte es sich bereits selbst zur Aufgabe gemacht, einen Kulturwandel zu initiieren. Sophia von Rundstedt ist davon überzeugt, dass in der Welt von morgen Innovationen zählen – und Mitarbeiter, die unternehmerisch denken und handeln. Ihr ist wichtig, dass jeder Mitarbeiter Verantwortung übernimmt: für sein eigenes Vorankommen, für seine beruflichen Ziele und seine persönliche Erfüllung. »Wir sagen unseren Klienten: Du sitzt im Fahrersitz. Du hast die Verantwortung. Das ist auch der Geist in unserem Unternehmen. Jeder Mitarbeiter hat die Möglichkeit, etwas vorzuschlagen und zu sagen: ›Da habe ich Lust darauf, da will ich mich einbringen.‹ Und wenn jemand für ein Thema brennt, dann wäre ich als Unternehmerin ja dumm, wenn ich das nicht nutzen würde.«

Gesagt, getan. Sophia von Rundstedt gab dem Team um Caterine freie Hand, die Idee weiterzuverfolgen. Alle Beteiligten bekamen die Möglichkeit, ein Fünftel ihrer Arbeitszeit mit der Entwicklung zu verbringen, mit einem Startkapital von 25.000 Euro. Das war einerseits eine gute Nachricht, doch warf sie teamintern auch Fragen auf. Eine Frage war: Sind 25.000 Euro Startkapital für ein neues Geschäftsmodell nicht ein bisschen wenig? Wäre die Firmenchefin wirklich von der Idee überzeugt, würde sie dann nicht gleich etwas mehr investieren, um die Idee umzusetzen? Ein Teil des Teams brauchte einige Zeit, um einzusehen, dass das so nicht stimmt – sondern dass es völlig legitim ist, wenn die Chefin nicht sofort alles auf eine Karte setzen will und das Startkapital überschaubar bleibt.

Ein solches Vorgehen ist in der Startup-Welt vollkommen üblich. Deshalb war es auch eine bewusste Entscheidung von Sophia von Rundstedt, das Budget zunächst klein zu halten. Die

Idee sollte erst einmal den Realitätscheck bestehen. Das Team sollte zeigen, dass da draußen in der Welt wirklich ein Markt für ihr Modell existiert und dass es tatsächlich Kunden gibt, die bereit sind, ein Honorar von 150 oder 200 Euro für die Karriereberatung aus eigener Tasche zu zahlen.

Im Nachhinein sind sich auch die fünf Teammitglieder von MondayMakers einig, dass die Budget-Beschränkung richtig war. Denn dadurch konnte sich die Unternehmung Schritt für Schritt entwickeln und war nicht gezwungen, zu schnell wachsen zu müssen. So war gewährleistet, dass das Kernteam seine potenziellen Kunden immer im Blick hatte. Zwar liefen sie auch mal in die falsche Richtung und machten Fehler, aber die Fokussierung auf die Kunden half, diese zu korrigieren. Wie du im Laufe dieses Buches noch sehen wirst: Geld ist ein Beschleuniger – wie das Gaspedal eines Autos. Die Richtung deines unternehmerischen Projekts bestimmt hingegen nur das von dir gefundene Problem. Geld ändert nicht die Richtung, es sorgt nur dafür, dass du schneller ankommst – egal wie richtig oder falsch das Ziel ist. Um herauszufinden, ob deine Geschäftsidee wirklich gut ist, brauchst du häufig nur sehr wenig oder gar kein Geld.

So war es auch hier: Gerade weil das Team so wenig Geld zur Verfügung hatte, waren die Beteiligten auch deutlich kreativer und effizienter und die Lernerfahrung ungleich größer. Zum Beispiel bauten die MondayMakers ihre erste Website nicht mithilfe eines Webdesigners, den sie hätten bezahlen müssen, sondern im Do-it-yourself-Verfahren mit einem Website-Baukasten. Es dauerte keine halbe Stunde, da war ihre erste Homepage online. Für die Beteiligten war es ein Riesenmoment zu sehen, wie schnell so etwas gehen kann. Das motivierte sie, diesen Weg weiterzugehen. Einfach mal machen. Loslaufen und schauen, was funktioniert.

Natürlich ging nicht alles so leicht von der Hand wie die Website. Am Anfang frustrierte die fünf, dass es so lange brauchte, bis die ersten Kunden anbissen. Das hatten sie sich leichter vorgestellt und waren schon bald froh, nicht ein eigenes Startup gegründet zu haben, sondern ihr Projekt unter dem Dach ihres Arbeitgebers angehen zu können. Davon abgesehen, war es für keinen der MondayMakers eine Option gewesen, die reguläre Karriere aufzugeben. Niemand hätte sich vorstellen können, das volle Risiko zu tragen und eine solche Idee komplett allein zu stemmen. Erst recht nicht, als sie erkannten, wie lange es selbst unter dem Dach eines Marktführers wie von Rundstedt dauerte, bis das Business ins Rollen kommt – eines Unternehmens also, das mit den MondayMakers ein direkt benachbartes Geschäftsfeld betritt. Es dauert, Fuß zu fassen und sich zu etablieren. Für alle Beteiligten ist der Weg, als Angestellte unter dem Dach ihrer Firma völlig frei agieren zu können, genau der richtige. Und alle empfinden genau das auch als ein großes Privileg.

Ihre Motivation schöpfen die MondayMakers vor allem aus dem Gefühl, eine komplett grüne Wiese vor sich zu haben, etwas komplett Neues anfangen zu können, ohne starre Rahmenbedingungen und Strukturen. Etwas gemeinsam gestalten zu können, frei sein und einer gemeinsamen Vision folgen zu können, das war und ist ein enormer Ansporn für sie.

Eine andere Frage war: Wie schaffen sich die Teammitglieder Freiräume, um das Extra-Projekt MondayMakers weiterzuverfolgen? Es war zwar ausgemachte Sache, dass sie zwanzig Prozent ihrer Arbeitszeit dafür aufwenden konnten, doch die reguläre Arbeit bei von Rundstedt musste schließlich auch erledigt werden.

Bei Caterine war die Lösung relativ einfach: Sie hatte ihre Arbeitszeit kurz vorher schon auf eine Viertagewoche reduziert, und das als Mitglied der Geschäftsleitung. Dies war möglich geworden, weil durch den Kulturwandel bei von Rundstedt bereits sehr viel Verantwortung und Entscheidungskompetenz von der Führungs- auf die Mitarbeiterebene übertragen worden war. In einer Unternehmenskultur mit weniger Hierarchien und mehr Eigenverantwortung bei den Mitarbeitern werden die Führungskräfte auch weniger gebraucht – und gewinnen Zeit für neue Aufgaben, die bei der Führung von Unternehmen eine größere Bedeutung haben als Weisung und Kontrolle. An ihrem freien Tag hatte Caterine zunächst andere Dinge getan, sie hatte beispielsweise geschrieben und gebloggt. Für die MondayMakers stockte sie nicht etwa wieder auf fünf Tage auf, sie blieb bei der Viertagewoche und zieht die Arbeit an ihrem »freien Tag« durch. Das Projekt ist für sie ein reines Hobby. Es macht ihr so viel Spaß, dass sie dafür noch nicht einmal bezahlt werden will.

So ähnlich ist es bei den anderen auch. Es ist nicht zu leugnen, dass alle sehr viel arbeiten; es gibt kein Wochenende, an dem sie gar nichts für MondayMakers tun und »nur« ihre Freizeit genießen. Hannah beispielsweise hat außerdem zwei Kinder und ein zeitaufwendiges Hobby. Sie reitet und bildet ein Pferd aus. Da muss man seine Aufgabe schon lieben, um sich die Zeit dafür freizuschaufeln. Für alle im Team gilt: Die Arbeit am eigenen Projekt fühlt sich nicht wie Arbeit an. Das Projekt gibt ihnen mehr Energie, als es sie kostet.

Das gilt auch für den Neuzugang bei den MondayMakers. Kurz vor unserem Gespräch war Nina Brenndörfer als Praktikantin zum Team gestoßen. Auch sie ist begeistert vom Projekt, von der tollen Arbeitsatmosphäre und der steilen Lernkurve, die sie durchläuft. Und vor allem davon, dass sie – als Jüngste und Unerfahrenste – ernst genommen wird. Sie fühlt sich nicht wie ein austauschbarer Posten auf der Gehaltsliste, nicht wie eine normale Praktikantin, die nur Routine- und Organisationsaufgaben übernehmen darf. Sie fühlt sich vollständig integriert. Das zählt für sie mehr, als zum Beispiel bei einem Consulting-Unternehmen zu arbeiten, wo sie zwar deutlich mehr verdienen könnte, am Ende aber nur PowerPoints erstellen würde. Von ihren Eltern, die beide selbstständig sind, hat sie gelernt, wie wichtig das eigene Glück für einen erfolgreichen Weg ist: »Mach etwas, das du wirklich willst«, haben sie ihr gesagt. Für Nina ist das die Grundvoraussetzung, ihre Zeit und Energie in einen Job zu investieren. Wie viele Angehörige der ominösen Generation Y möchte sie von allem ein bisschen: Kreativität und Routine, Engagement und Freiraum, Selbstverwirklichung und Anerkennung. Sie schätzt es, bei den MondayMakers die Sicherheit eines renommierten Unternehmens und die Atmosphäre des Abenteuers Startup-Kultur in einem zu erleben.

Wie groß das Projekt MondayMakers noch werden wird, kann noch niemand mit Sicherheit sagen. Auch wenn keiner der Macher ein finanzielles Risiko trägt, sind alle mit Ernsthaftigkeit und Professionalität dabei. Niemand möchte »nur mal ein bisschen Startup spielen«, um sich im Falle eines Misserfolgs wieder ganz auf seinen eigentlichen Job bei von Rundstedt zu konzentrieren. Die Arbeitskraft, die sie jetzt investieren, hat für sie eine derart hohe Wertigkeit, dass sie niemals auf den Gedanken kämen, nur mal so rumzuspielen. Sie nehmen das Projekt komplett ernst. Bei einer mittelständischen Firma wie von Rundstedt & Partner mit 180 festangestellten Mitarbeitern ist es für alle eine Frage der Ehre, dass sie auch hier hundert Prozent und mehr geben und immer volle Kraft voraus gehen. Etwas anderes ist für sie gar nicht vorstellbar.

Die fünf von den MondayMakers glauben fest daran, dass ihre Idee nicht nur funktioniert, sondern durch die Decke gehen kann. Was das dann finanziell für sie bedeuten würde? Darüber hat sich noch niemand wirklich Gedanken gemacht. Alle können sich durchaus vorstellen, selbst Anteile an ihrem internen Startup zu erwerben. Und auch für Sophia von Rundstedt ist das eine Möglichkeit, genauso wie eine spätere Ausgründung. Ihre Unternehmenskultur sieht vor, Unternehmertum zu belohnen – auch bei von Rundstedt selbst gibt es Mitarbeiter, die als Partner beteiligt werden.

Innerhalb von nur einem Jahr haben die MondayMakers schon enorm viel erreicht: Aus einer Idee ist ein kleines Team mit ganz unterschiedlichen Persönlichkeiten und Kompetenzen entstanden, das noch dazu aus mehreren Generationen besteht und ohne starre Hierarchien zusammenarbeitet – obwohl von der Top-Managerin bis zur Praktikantin die Unterschiede auf dem Papier nicht größer sein könnten. Doch eines eint sie: der Spirit und die Motivation, selbst etwas Neues zu erschaffen – als Angestellte und mit der vollen Unterstützung ihres Unternehmens.

Pakadoo – wie eine Idee Hunderttausende Menschen glücklich macht

Eine andere Geschichte über Unternehmertum im Unternehmen spielt im württembergischen Herrenberg. Dort haben Markus Ziegler und Kris Van Lancker in den letzten vier Jahren eine ganze Menge erlebt. Sie haben beim Logistik-Konzern LGI Logistics Group International GmbH das interne Startup Pakadoo gegründet. Innerhalb von kurzer Zeit gewannen sie namhafte Kunden und mehrere Innovationspreise. Ihre Geschichte zeigt, wie unter dem Dach eines etablierten Konzerns Innovationsgeist und Unternehmertum aufblühen können. Sie zeigt, welche Vorteile es hat, ein neues Business als »Corporate Startup« aufzuziehen – aber auch, welche Grenzen es bei dieser Konstellation gibt.

Markus Ziegler arbeitete als Managing Director viele Jahre bei der LGI. Zu seinem Team von 800 Mitarbeitern gehörte als Key Account Manager Kris Van Lancker. LGI wurde 1995 aus Hewlett Packard (HP) heraus gegründet und wuchs von 160 auf inzwischen rund 5000 Mitarbeiter. Das Wachstum entstand durch Innovationen, die aber das Kerngeschäft betrafen oder es erweiterten – zum Beispiel tauscht LGI inzwischen bei den Kunden von Hewlett Packard auch Drucker aus. Es ging dabei immer um »den nächsten Schritt« und nie um ein komplett neues Geschäftsmodell. Also nicht um *disruptive* Innovationen, die etwa durch die Digitalisierung möglich werden.

Markus war der Meinung, da könnte noch mehr gehen. Im Januar 2015 veranstaltete er einen Workshop mit einigen seiner Mitarbeiter, die im Bereich Geschäftsentwicklung tätig waren. Es ging darum, völlig frei über Innovationen nachzudenken, die unabhängig vom bisherigen Geschäftsmodell sind. Was würde man tun, wenn man sich auf der grünen Wiese befände? Es entstanden einige gute Ideen, aber alle waren wieder »der nächste Schritt« im bisherigen Kerngeschäft – bis auf den Ansatz von Kris, der sich von den anderen abhob: die Idee für Pakadoo.

Kris hatte schon immer viele Ideen. Er hat ganze Schubladen voll davon. Die Idee für Pakadoo kam ihm an einem Freitagabend. Seine Frau beschwerte sich, dass ein Paket nicht bei den Nachbarn abgegeben wurde, sondern in der lokalen DHL-Filiale. Das war ärgerlich, denn an einem Samstagmorgen Schlange stehen zu müssen, um ein Paket abzuholen, ist kein Vergnügen. Du kennst das Problem wahrscheinlich genauso gut wie Kris' Frau oder ich. Pakete werden immer dann zugestellt, wenn man gerade nicht zu Hause ist. Nimmt es ein Nachbar an, musst du diesen erst einmal antreffen. Und die Öffnungszeiten der Postfilialen passen auch nicht so recht in die Arbeitszeiten der meisten Menschen. Entweder haben sie geschlossen, oder sie sind überfüllt, besonders am Samstagmorgen. Kris überlegte sich, wie man den Stress mit den Paketen reduzieren und sie schneller in den Händen halten könnte.

Seine Idee zur Lösung des Problems ist eigentlich ganz einfach: Wo sind die meisten Menschen, wenn sie nicht zu Hause sind? Genau, bei der Arbeit. Da setzt Kris' Idee auch an: Der digitale Service Pakadoo ermöglicht es Unternehmen, Privatpakete von Mitarbeitern mit geringem Aufwand parallel zur Geschäftspost entgegenzunehmen und zu verteilen. Es gibt zwar nicht wenige Menschen, die sich jetzt schon Pakete in den Betrieb schicken lassen, aber das hat auch Nachteile: Viele Unternehmen sehen es nicht gern. Gerade bei Firmen mit 200 oder mehr Mitarbeitern kann das ganz schnell im Chaos enden. Außerdem kann nicht zwischen Geschäftspost und Privatpaketen unterschieden werden – so können wichtige geschäftliche Sendungen länger brauchen, wenn sich die Privatpost ungefiltert dazwischenschiebt.

Für die Nutzer ist Pakadoo kostenlos: Sie müssen sich lediglich auf der Website oder mit der Pakadoo-App registrieren und erhalten eine persönliche PAK ID. Mit der können die Nutzer ihre Pakete an ihre Firma senden lassen, wenn diese einen Vertrag mit Pakadoo abgeschlossen und in ihrer Poststelle, ihrem Wareneingang oder am Empfang einen »Pakadoo Point« eingerichtet hat. Ob ein Paket mit DHL, Hermes, UPS oder einem anderen Anbieter versendet wurde, spielt keine Rolle. Scannt ein Mitarbeiter der Poststelle den Barcode auf dem Versandlabel mit der Smartphone-App von Pakadoo ein und gibt die im Adressfeld aufgedruckte persönliche PAK ID des Empfängers ein, wird automatisch eine E-Mail an den Mitarbeiter geschickt. Bei manchen Firmen gibt es feste Zeiten für die Abholung, etwa die Mittagspause oder bei Feierabend. Andere haben von Pakadoo vertriebene Paket-Schränke aufgestellt, sodass die Empfänger ihre Pakete jederzeit abholen können.

Man muss nicht groß erklären, welchen Nutzen dieses System für die Kunden hat – sie sparen wertvolle Zeit. Sie müssen nicht mehr zur Postfiliale und dort anstehen, sie müssen nicht mehr bei den Nachbarn klingeln und hoffen, dass die zu Hause sind – wenn der Zusteller überhaupt eine Karte in den Briefkasten eingeworfen hat ... Aber auch für die Unternehmen, bei denen die Nutzer arbeiten, hat das System Vorteile. Es macht eine bisherige Grauzone durch irgendwie in die Geschäftspost »geschmuggelte« Privatpakete transparent, offiziell und effizient. Davon abgesehen, stellt der Pakadoo-Service für sie ein sehr günstiges Modell von Social Benefits für Mitarbeiter dar. Die Firmen müssen nur geringfügig in die zusätzliche Arbeitszeit der Angestellten in der Poststelle investieren. Darüber hinaus haben sie keine Nachteile. Sie bekommen mit extrem wenig Aufwand dankbares Feedback von ihren Mitarbeitern. Ein solcher Service ist – neben anderen – auch ein Argument, um zukünftig Mitarbeiter aus der jungen Generation zu gewinnen, weil er zeigt: Uns ist nicht egal, ob unsere Mitarbeiter zufrieden sind. Pakadoo-»Geburtshelfer« Markus bringt es auf den Punkt: »Die wollen nicht mehr unbedingt einen Geschäftswagen, sondern eine gute Work-Life-Balance. Und unser Service bietet genau das. Als Arbeitgeber kann ich damit aus der Masse herausstechen.«

Aber Kris stellte sich natürlich anfangs auch die Frage, wie aus diesem Service ein Geschäftsmodell werden könnte. Die Frage »Wer bezahlt das?« war jedoch leicht zu beantworten: Von Beginn an wird Pakadoo von den Lieferdiensten mit Provisionen für jede Sendung finanziert. Die Rechnung ist einfach: 60 Prozent der Kosten für den Lieferdienst entstehen zwischen dem letzten Depot und dem Empfänger. Das ist das berühmte »Problem der letzten Meile« des Versands. Pakadoo kann davon knapp 40 Prozent einsparen und bringt damit auch den Versandunternehmen einen großen Vorteil. Schließlich müssen DHL, Hermes oder UPS nicht mehr bei vielen Empfängern oder ihren Nachbarn klingeln, mehrere Stockwerke erklimmen, eventuell eine Karte schreiben und einwerfen. Sie erledigen bei einer Fahrt zur Firma – die sie wegen der Geschäftspost in der Regel ohnehin ansteuern – zig Pakete auf einmal. Und ganz nebenbei entlastet das System den Innenstadtverkehr und reduziert CO_2-Emissionen.

So weit war die Idee zwar noch nicht entwickelt, als Kris sie für den Innovationsworkshop aus seiner Schublade holte, aber die Kollegen und Markus fanden sie cool. Sie präsentierten die Idee der Geschäftsleitung von LGI, und auch dort war man begeistert. Die beiden konnten die Idee – zunächst neben dem normalen Job – weitertreiben und bekamen dafür ein Budget von rund 50.000 Euro zur Verfügung gestellt.

Sie wählten dabei einen Weg, wie ihn Startups gehen, und den auch du in den späteren Kapiteln noch kennenlernen wirst. Sie bauten ein »MVP«, ein »Minimum Viable Product« oder, auf Deutsch, »minimal überlebensfähiges Produkt«. Das ist ein Prototyp, der die Idee konkretisiert und dazu dient, die Funktions- und Marktfähigkeit an möglichen Kunden zu testen. In diesem Fall war es die Pakadoo-App, die die Grundfunktionen darstellte, in Sachen Design aber noch ohne Schnickschnack auskam. »Die hässlichste App der Welt«, wie Markus es ausdrückt. Die App testeten sie zunächst im eigenen Unternehmen bei der LGI, sammelten Nutzerfeedback ein und verbesserten die App ständig.

Und dann ging es ganz schnell: Nicht einmal ein Jahr nachdem Kris sich über die Probleme bei der Zustellung von Paketen geärgert hatte, bekam Pakadoo den ersten Kunden. Hewlett Packard führte Pakadoo in seinem Headquarter in Böblingen ein. Dabei halfen auch die persönlichen Kontakte, schließlich war LGI ursprünglich aus HP hervorgegangen. Aber das hätte nichts genutzt, wäre die Pakadoo-Idee nicht gut gewesen. Und sie war sehr gut: Pakadoo schlug bei HP ein wie eine Bombe. Die Mitarbeiter waren so begeistert, dass gleich im Januar 2015 Pakadoo an allen deutschen HP-Standorten eingeführt wurde. Ein riesiger Erfolg.

Markus und Kris arbeiteten zunächst nebenbei – und, das

muss man dazu sagen: auch in ihrer Freizeit – weiter an ihrer Geschäftsidee. Zusammen mit zwei weiteren LGI-Mitarbeitern polierten sie das »hässliche Entlein«, die Pakadoo-App, auf, ließen das Corporate Design entwickeln, eine Website und einen Marketingauftritt aufbauen.

Alles war bereit, um das Geschäft auszuweiten. Aber der Erfolg brachte eine Schwierigkeit mit sich: Das Tagesgeschäft bei LGI ließ ihnen zu wenig Zeit für das wachsende Projekt Pakadoo. Markus war immerhin der Vorgesetzte von 800 Mitarbeitern. Gleichzeitig galt es, für LGI neue Kunden zu gewinnen und, und, und ... Die beiden mussten einsehen, dass es so auf Dauer nicht funktionieren würde. Entweder würden sie mit Pakadoo nicht weitermachen können – oder sie würden ganz darauf setzen müssen. Der Reiz, etwas Neues auszuprobieren, war schließlich stärker als die Sicherheit des alten Jobs. Im Juli 2015 trafen die beiden gemeinsam mit der LGI-Geschäftsführung die Entscheidung, dass sie ein internes Startup gründen und eine Mannschaft brauchen würden, die ausschließlich für Pakadoo arbeitet. Pakadoo sollte – unter dem Dach von LGI – eine selbstständige Einheit werden.

Die Vorstellung der Geschäftsführung war, für das interne Startup einen neuen Manager zu finden, der gemeinsam mit Kris das Geschäft weiterentwickeln sollte. Doch die beiden wollten das selbst in die Hand nehmen und unterbreiteten den Vorschlag dem CEO. Der war überrascht, dass Markus zukünftig in Vollzeit das interne Startup leiten und dafür seine Führungsposition bei LGI aufgeben wollte. Aber er stimmte zu – und nicht nur das: Die LGI war bereit, einen Millionenbetrag in Pakadoo zu investieren. Der absolute Wahnsinn und der Traum für jeden Intrapreneur. Ein toller Vertrauensvorschuss, der nur möglich war, weil das Konzept auch die Leitungsebene überzeugte und die ersten Markterfahrungen so überwältigend positiv waren.

Für Markus stellte sich die Entscheidung, seine Führungsposition mit 800 Mitarbeitern zugunsten von Pakadoo mit nur einer Handvoll von Mitarbeitern aufzugeben, als richtig heraus. Für ihn bedeutete der Wechsel auch keinen Statusverlust, wie man meinen könnte. Er hatte in der Vergangenheit immer wieder zwischen eher inhaltlichen Positionen und Management-aufgaben gewechselt und freute sich, endlich wieder stärker an Konzepten zu arbeiten und weniger Manager zu sein. »Der Reiz war groß, etwas Neues aufzubauen, das ganz anders war als das Geschäftsmodell von LGI. Für mich ist es wichtig, nicht stehen zu bleiben und immer wieder Neues zu lernen. Pakadoo war die Chance, das zu tun.«

Auch wenn Markus bei einem Misserfolg nicht mehr auf seine alte Position hätte zurückkehren können – seine Stelle wurde neu besetzt –, so war er sich sicher, entweder bei LGI oder zur Not bei einem anderen Unternehmen eine spannende Aufgabe finden zu können. Die Erfahrungen, die er mit dem Projekt Pakadoo gewinnen würde, hätten ihm auch dabei geholfen. Auch Kris sah den Wechsel entspannt. Schließlich hatte er einen bestehenden Vertrag mit LGI, und ohne Führungsfunktion wäre eine Rückkehr für ihn leichter gewesen.

Die beiden bekamen das gleiche Gehalt wie bisher. Eine Beteiligung an Pakadoo erhielten sie nicht, obwohl es ja Kris' Idee gewesen war und Markus sie maßgeblich mit vorangetrieben hatte. Sie hätten auch gern eigenes Geld investiert, aber das war nicht möglich. Sie merkten, dass sie eben doch »in einem Corporate« arbeiteten und nicht in einem Startup. Bei LGI war man der Meinung: Ihr dürft an dem Thema arbeiten, aber an den Konditionen eurer Arbeit wollen wir erst einmal nichts verändern. Für die beiden bedeutete das persönlich: Kaum ein Risiko, aber auch geringere persönliche Entwicklungschancen. Markus haderte damit ein wenig, sah aber dennoch die Chance: »Die Gesellschafter haben gesagt, ›wir finanzieren euch die Entwicklung, wir finanzieren euch die Mannschaft‹. Wir sind schon sehr glücklich, dass das funktioniert hat. Man darf nicht vergessen: Wir sind ein mittelständisches Unternehmen. Da ist der Schritt, etwas ganz anderes zu machen, das ein Stück vom eigentlichen Geschäftsfeld entfernt ist, schon riesengroß. Wir waren wenig gebunden, konnten etwa alle Services frei einkaufen und bekamen keine Vorgaben. Ein riesiges Asset für ein Corporate Startup! Für unsere Firma sind das schon sehr große unternehmerische Freiheiten. Auf der anderen Seite brauchen wir keine eigene Personalabteilung, keine Rechtsabteilung, kein eigenes Rechnungswesen. Wir können sicher sein, dass das alles funktioniert. Zum Beispiel, dass die Sozialversicherungsbeiträge sauber abgeführt werden. Und nicht zuletzt haben wir ja auch enorm von der Finanzierung profitiert. Ohne die LGI im Rücken hätten wir Pakadoo niemals aufbauen können.«

Für Pakadoo suchten die beiden neue Mitarbeiter, zum Beispiel fürs Online-Marketing. Zwar ist Herrenberg, dreißig Kilometer südlich von Stuttgart, nicht gerade der Hotspot für Startups; weshalb die beiden am Anfang große Zweifel hatten, ob sie solche Mitarbeiter überhaupt gewinnen könnten. Doch sie fanden fähige Leute, die arbeiten wollten wie in einem Startup, aber auch aus familiären Gründen die Sicherheit des Angestelltendaseins schätzten. Dazu sagt Markus: »Pakadoo konnte beides bieten und vereint ›das Beste aus zwei Welten‹. Die Art zu arbeiten machte uns schon attraktiv für Leute, die normalerweise eher bei einem Innovationsführer wie Bosch oder HP arbeiten wollen. Es war spannend, das zu sehen.«

Bis heute ist das Pakadoo-Team mit rund fünfzehn Mitarbeitern relativ klein. Zusätzlich gibt es viele externe Mitarbeiter. Das ist eine bewusste Entscheidung. Und dieses kleine Team feiert enorme Erfolge: Ihr Konzept hat von Anfang an funktioniert, alle Paketdienstleister machen mit, und die Idee ist extrem skalierbar und übertragbar auf einen riesigen Kundenkreis, ohne dass dafür am Produkt selbst etwas geändert werden muss. Diese Skalierbarkeit zahlt sich aus: Jedes Jahr hat sich seither die Anzahl der Pakadoo-Points, also der Paketannahme-Stationen in Unternehmen, verdoppelt. Und es gibt keine Grenzen, denn das Modell ist grundsätzlich für jedes Unternehmen und jeden Arbeitnehmer interessant.

Übrigens gibt das Pakadoo-Team auch etwas an das Mutterunternehmen zurück: Es experimentiert im kleinen Raum mit neuen Tools und Softwarelösungen, die – wenn sie sich bewähren – auch bei LGI eingeführt werden. Auch neue Kunden kamen schon über Pakadoo zu LGI. Und das erfolgreiche Beispiel von Pakadoo hat bei LGI neuen Unternehmergeist freigesetzt: Inzwischen gibt es dort einen eigenen Innovationsbereich und auch einen Innovationsprozess mit regelmäßigen Workshops. Viele Mitarbeiter waren vom Pakadoo-Erfolg »angefixt« und wollten selbst Ideen einbringen. Man kann sagen, Pakadoo war der Startpunkt eines Innovationsprozesses bei LGI. Hauptunternehmen und internes Startup profitieren gegenseitig voneinander.

Im Frühjahr 2018, zum Zeitpunkt meines Gesprächs mit Kris und Markus, hatte Pakadoo bereits 140 Firmenkunden gewonnen. Neben HP sind darunter Schwergewichte wie die Deutsche Bahn, die den Pakadoo-Dienst nach einem Test an mehreren Standorten bundesweit einführt, die Barmenia Versicherungen, die Landesbank Baden-Württemberg oder Mittelständler wie der Waagen-Produzent Bizerba. Knapp zweihunderttausend Menschen können bereits den Service nutzen und sind das Problem mit der Paketzustellung los. Dabei sind einige Unternehmen erst dabei, Pakadoo an einem oder nur wenigen Standorten zu testen. Weiten diese Kunden den Service auf all ihre Standorte aus, wie es bei Hewlett Packard der Fall ist – dann hat Pakadoo auf einen Schlag über 1,5 Millionen potenzielle Nutzer.

Nicht nur das positive Feedback der Kunden lässt Markus und Kris sehr optimistisch in die Zukunft blicken. Auch Leitmedien wie die *Frankfurter Allgemeine Zeitung* und TV-Wirtschaftsmagazine wie plusminus haben bereits ausführlich über Pakadoo berichtet. Das Team wurde außerdem mit dem Nachhaltigkeitspreis des Fachverbands für Logistik und mehreren Innovationspreisen ausgezeichnet. Der Boden ist also gut bestellt, um weitere Ziele ins Auge zu fassen: Wächst Pakadoo weiter ähnlich stark wie bisher, ist auch eine Ausgründung in eine eigenständige GmbH und eine Beteiligung der beiden daran denkbar. Erstaunlich, was aus der Idee eines Angestellten am Freitagabend alles entstehen kann, oder?

Mach mit und übernimm Verantwortung für dein (Arbeits-)Leben

Die beiden Beispiele MondayMakers und Pakadoo zeigen, wie Unternehmertum seitens der Mitarbeiter innerhalb von etablierten Firmen neu entstehen und gelebt werden kann. Es gibt derzeit viele Initiativen von Mitarbeitern mit neuen Geschäftsideen in der Unternehmenslandschaft. In anderen Unternehmen entstehen gerade große, organisierte Intrapreneurship- und Innovationsprogramme. Die Möglichkeiten sind breit gefächert, und ich werde dir in diesem Buch noch weitere vorstellen.

Auch wenn dein Chef (noch) kein offenes Ohr für deine Ideen hat oder wenn in deiner Firma noch kein Intrapreneurship-Programm gestartet wurde, kann ich dir nur raten: Fang trotzdem an, deine Ideen umzusetzen. Nicht planlos, sondern strukturiert und mit minimalem Risiko für dich und dein Unternehmen. Wie dies geht, zeige ich dir in den nächsten Kapiteln. Und wenn dein Chef die Hände über dem Kopf zusammenschlägt und deine Eigeninitiative kritisiert, obwohl du sichergestellt hast, dass du kein Risiko eingehst und du durch dein Vorgehen ein echtes Kundenproblem löst, dann weißt du immerhin, woran du in deinem Unternehmen bist.

Ja, diese Möglichkeit ist nicht auszuschließen: Du wirst vielleicht die Erfahrung machen, dass du mit deiner Eigeninitiative auf Widerstände stößt. Es ist heute noch nicht überall selbstverständlich, unternehmerisches Denken und vor allem Handeln zu wertschätzen. Aber es gibt schon viele Manager auf der Leitungsebene, die die Notwendigkeit, Innovationen zu fördern und Mitarbeitern Verantwortung zu übertragen, erkannt haben. Die auch verstanden haben, dass dies der einzige Weg ist, um die digitale Transformation von Unternehmen erfolgreich zu meistern. Und es werden immer mehr.

Was wir derzeit in der Arbeitswelt erleben, ist ein Paradigmenwechsel. Wir befinden uns gerade mitten in einer Zeitenwende, in der sich die klassischen Rollenbilder auflösen. In der sich das Bild – bei vielen auch Selbstbild – vom allwissenden Chef und den Angestellten, die gefälligst das auszuführen haben, was ihnen aufgetragen wurde, immer mehr verschwindet. Angestoßen wurde dieser Wandel vor ein paar Jahren durch die Generation Y, die sich nicht länger in das klassische Rollenbild fügen wollte, und die Diskussion über die Zukunft der Arbeitswelt, welche die Debatte über die neue Generation von Mitarbeitern und Vorgesetzten ausgelöst hat.

Es ist aber keine Frage des Alters, ob man den Paradigmenwechsel aktiv mitgestalten möchte oder nicht und welcher »Generation« von Arbeitenden man angehört. Es hat schon immer Menschen gegeben, die Neues ausprobieren wollten, die ihr eigenes Ding machen wollten, selbstbestimmt und ohne strikte Vorgaben. Nur haben die meisten von ihnen diese Wünsche in der Vergangenheit schlichtweg nicht ausleben können. Heute ist das anders. Der demografische Druck der jungen Generation, der »war for talents«, ausgelöst von den geburtenschwachen Jahrgängen, hat vieles verändert. Wir können uns glücklich schätzen, dass wir in einer Zeit leben, in der die Arbeitswelt hierarchiefreier, transparenter, auch ein Stück demokratischer wird.

Wenn du mithelfen willst, dein Unternehmen und die Arbeitswelt insgesamt zum Besseren zu verändern, dann bist du jetzt zur richtigen Zeit am richtigen Ort – als ganz normaler Angestellter in einem ganz normalen Unternehmen. Du musst kein Startup gründen, um deine Idee zu verwirklichen und selbstbestimmter arbeiten zu können. Du musst dafür auch nicht nach Berlin-Mitte oder ins Silicon Valley gehen. Wir erleben gerade das Ende der dummen Arbeit – und du bist live dabei.

Übrigens: Am Ende jedes Kapitels wende ich mich in diesem Buch extra an Unternehmer und Vorgesetzte. Diese Abschnitte sind mit »Hallo, Chef« überschrieben. Als Angestellter musst du diese Passagen aber keineswegs überspringen. Sie zeigen dir, warum das, was du willst – nämlich frei und kreativ zu arbeiten –, für dein Unternehmen und seine Führungskräfte wichtig und richtig ist. Durch diesen Perspektivenwechsel sammelst du viele Argumente, um bei deinen eigenen Chefs für das Ende der dummen Arbeit zu werben.

Hallo, Chef

Auch wenn sich mein Buch in erster Linie an Angestellte richtet, die etwas bewegen wollen, so möchte ich mit meinen Botschaften über eine neue Art, im Unternehmen zusammenzuarbeiten, auch ihre Vorgesetzten erreichen. Dich, zum Beispiel? Ich hoffe, dass du erkennst, dass über neue Ideen und Innovationen in deinem Unternehmen garantiert schon nachgedacht wird – wenn nicht auf der Führungsebene, dann unter Garantie von vielen deiner Mitarbeiter! Meine Erfahrung mit Großunternehmen zeigt: Innovation entsteht nicht nur in Forschungs- und Entwicklungs-Abteilungen und Innovation Labs. Gute Ideen entstehen überall und vor allem dort, wo man sie am wenigsten vermuten würde. Doch diese Ideen benötigen auch ein geeignetes Umfeld, um zu wachsen. Die Mitarbeiter brauchen Arbeitsbedingungen, um ihre Ideen umsetzen zu können. Bekommen sie diese nicht, werden die besten und innovativsten von ihnen nicht ewig warten und sich über kurz oder lang nach einer anderen Firma umsehen, die diese Bedingungen bietet. Oder sie setzen ihre Idee selbst in einem eigenen Startup um. Es wäre schade für die Firma, wenn das geschieht.

Die Innovatoren, die Intrapreneure, die Unternehmer im Unternehmen sind wichtig. Sie sind es, die ein Unternehmen in Schwung halten, die Fortschritt bringen. Sie entscheiden über Erfolg oder Misserfolg in der Zukunft. Und es geht dabei auch gar nicht immer um »das nächste große Ding«. Es geht vielmehr darum, neue Wege zu gehen, echte Kundenprobleme zu lösen und profitable Produkte zu vermarkten. Um es auf den Punkt zu bringen: Es geht ganz allgemein um *Wachstum* – und um die schiere Zukunftsfähigkeit auch deines Unternehmens.

Um dieses Potenzial zu heben, musst du nicht viel tun: Zeig deinen Mitarbeitern den Weg, den das Unternehmen einschlagen möchte. Zeig deinen Mitarbeitern eine Vision, damit sie ihren Innovationsgeist in die richtige Richtung lenken können. Aber sag ihnen bloß nicht, was sie im Einzelnen dafür zu tun haben. *Sie* werden es *dir* sagen. Gib ihnen Verantwortung *und* Freiheiten. Gib ihnen die Chance, sich im Unternehmen so zu entwickeln, wie sie es für richtig halten, auch wenn sie neue, ungewöhnliche Wege gehen möchten. Wie du dabei genau vorgehen kannst, zeige ich dir am Schluss der nächsten Kapitel jeweils in den Abschnitten »Hallo, Chef«.

Keine Angst: Die Intrapreneure werden damit umgehen können. Sie werden dir das investierte Vertrauen zurückzahlen und dich nicht enttäuschen. Denk daran: Innovation und gesundes Wachstum sind die Zukunft deines Unternehmens und die Zukunft unserer Wirtschaft insgesamt.

2

Wie schnell die Arbeitswelt sich dreht: Welche Chancen du als Angestellter heute hast

»Die Zukunft ist bereits hier, sie ist nur ungleich verteilt.«
William Gibson

Im letzten Kapitel hast du bereits zwei Geschichten von Menschen kennengelernt, die als Angestellte in ihrer Firma neben dem normalen Job ihr eigenes unternehmerisches Ding angefangen haben. Die MondayMakers entstanden auf Eigeninitiative einer Mitarbeiterin, die mit ihrer Idee bei der Unternehmens-Chefin offene Türen einrannte. Das Tolle daran: Das Team ist bunt gemischt, von der Praktikantin bis hin zum obersten Management, aber verfolgt gleichberechtigt und mit großem Einsatz eine gemeinsame Vision. Wie groß die Idee letztlich wird, ist noch nicht ganz abzusehen, doch gerade das macht auch einen Teil des Reizes aus. Das Pakadoo-Team ist hierbei schon einen Schritt weiter. Kris und Markus haben einen Teil der Unsicherheit, die zwangsläufig zu jeder Unternehmensgründung gehört, bereits hinter sich gelassen. Sie kamen im Schnellzug-Tempo von der Idee zum ersten Großkunden, gründeten ein internes Startup, bekamen eine Millionenfinanzierung und erreichten binnen kürzester Zeit Hunderttausende von Nutzern. Du siehst: Es sind zwei unterschiedlich gelagerte Fälle. Aber sie haben dennoch eine große Gemeinsamkeit.

Denn wenn wir mal ganz ehrlich sind: Vor ein paar Jahren wären all solche Geschichten noch völlig undenkbar gewesen. Normale Angestellte, die neben ihrem Tagesgeschäft unternehmerische Ideen vorantreiben? Das wäre für viele Menschen ein Widerspruch in sich gewesen. Entweder man ist angestellt, oder man kündigt und wird Unternehmer. Beides gleichzeitig? Sicher nicht! So lautete jedenfalls die verbreitete Meinung. Doch so verrückt diese Geschichten noch vor einiger Zeit gewesen wären, so gern gesehen sind sie heute bereits in vielen Unternehmen.

Ich gehe sogar noch einen Schritt weiter: Es wird nicht mehr lange dauern, bis es in fast jedem Unternehmen ganz normal ist, dass Angestellte gleichzeitig zu einem gewissen Grad auch Unternehmer im Unternehmen sind. Genauso wie in den letzten Jahren auch Teilzeit, Vertrauensarbeitszeit, Elternzeit und Home-Office sich von »völlig undenkbar« zu »normal« entwickelt haben. Klar, das *alles* gibt es nicht in ausnahmslos *allen* Unternehmen – aber in sehr vielen eben schon! Um das Zitat von William Gibson aufzugreifen: »Die Zukunft ist bereits hier, sie ist nur ungleich verteilt«. Und manchmal muss man sich auch auf sie zubewegen, anstatt darauf zu warten, dass sie von selbst an die Tür klopft und einen vom Sofa abholt.

Tatsächlich verstehen dies immer mehr weitsichtige Unternehmenslenker. Sie modernisieren ihre Unternehmen in nie zuvor gesehenem Maße und in phänomenaler Geschwindigkeit. Dabei geben sie auch alte Denk- und Managementmodelle auf. Darunter ist allen voran auch das über viele Jahre, ja Jahrzehnte gepflegte Modell, dass »oben gedacht und unten gemacht« wird. Sie brechen verkrustete Strukturen auf und geben ihren Mitarbeitern mehr Freiraum, mehr Entfaltungsmöglichkeiten sowie mehr Verantwortung. Kurz gesagt: Sie werden zu dem, was ich *smarte Unternehmen* nenne.

Traditionelle Unternehmen und ihre Grenzen

Für die Modernisierung der Unternehmen gibt es, wie im vorherigen Kapitel bereits angedeutet, starke Gründe – vor allem den Technologiewandel und die dadurch hervorgerufenen Marktveränderungen. Denn wir stecken mitten in der digitalen Revolution. Mithilfe der neuen digitalen Technologien entstehen explosionsartig immer mehr neue Produkte, Dienstleistungen und Geschäftsmodelle. Das betrifft sowohl Endverbraucher – man denke nur an die Revolution in der Informationstechnologie und Telekommunikation mit Heimcomputern, Smartphones, Sozialen Medien – als auch die Industrie – zum Beispiel Biotechnologie, Künstliche Intelligenz, Algorithmen und das »Internet der Dinge«. Weil dieser Wandel gemäß des Moore'schen Gesetzes bisher immer schneller vonstattenging – die Leistung neuer Computer-Chips verdoppelte sich seit der Erfindung des Computers etwa alle 18 Monate –, sehen sich die Unternehmen gezwungen, sich in nie zuvor gesehener Geschwindigkeit zu verändern. Denn ihre traditionellen Organisationsstrukturen sind nicht dazu geeignet, mit dem Tempo der digitalen Revolution Schritt zu halten und Innovationen zu entwickeln.

Ein solches Phänomen ist an sich nichts Neues; technologischen Wandel gibt es nicht erst seit gestern. Allein in den letzten 250 Jahren gab es mehrere große Umbrüche: Die erste industrielle Revolution um das Jahr 1800 brachte Maschinen, Fabriken und die Eisenbahn, die zweite industrielle Revolution zwischen der Mitte und dem Ende des 19. Jahrhunderts die Schwerindustrie und den elektrischen Strom. Das 20. Jahrhundert war das Zeitalter des Automobils und der Massenproduktion. Ein technologischer Umbruch verändert immer die Gesellschaft und ihre Institutionen, vor allem aber die Unternehmenswelt. Damit geht auch stets eine Weiterentwicklung der Organisationsstrukturen in Institutionen und in der Wirtschaft einher. Diesen evolutionären Prozess hat der ehemalige McKinsey-Berater Frederic Laloux in seinem viel beachteten Buch *Reinventing Organizations* wunderbar beschrieben.

Zur Zeit der ersten industriellen Revolution waren die Märkte klar definiert und verglichen mit heute sehr ruhig, was eine langfristige Planung ermöglichte. Dazu passte eine Organisationsform, die Stabilität garantiert. Es war wichtig, wiederholbare Tätigkeiten exakt und routinemäßig auszuführen. Eine streng hierarchische, autoritäre Organisation gewährleistet das. In Unternehmen und Institutionen herrschte das Prinzip Befehl und Kontrolle vor. Die Organisation entspricht der klassischen Pyramide, in der die Anweisungen von oben nach unten gegeben werden. Der Fabrikbesitzer steht über dem Bereichsleiter, der weist den Abteilungsleiter an, dann kommen die Vorarbeiter und schließlich die Arbeiter, die die Maschinen bedienen. Auch heute gibt es solche Organisationsformen noch, sie sind nicht komplett verschwunden. Sie existieren beim Militär und der Polizei, in der Kirche und zum Teil noch im Schulwesen. Auch in Hochrisikobereichen, wo die geringste Abweichung von der Norm zu einem großen Schaden führen kann, gelten sie noch, man denke an den Betrieb eines Atomkraftwerks. Dort geht es nicht darum zu experimentieren und selbstbestimmt zu arbeiten, es geht um Sicherheit und Berechenbarkeit.

Die zweite industrielle Revolution machte ab Mitte der 1850er-Jahre mit einem ausgebauten Eisenbahnnetz und dampfgetriebenem Schiffsverkehr die Welt »kleiner«, also zugänglicher für die Wirtschaft und den Handel. Die Produktivität wuchs, der Wettbewerb wurde stärker. Unternehmen expandierten, entwickelten unterschiedliche Produktlinien und ausgefeilte Prozessketten. Innovation wurde zum Schlüssel für Wachstum. Entsprechend entwickelten sich auch die Unternehmen organisatorisch weiter. Abteilungen wie Forschung und

Entwicklung, Einkauf, Verkauf, Vertrieb und Marketing differenzierten sich aus.

Zu Beginn des 20. Jahrhunderts wurde der Beruf des Managers moderner Prägung etabliert, was der Arbeitswissenschaftler Frederick Taylor unter anderem in seinem bahnbrechenden Werk *The Principles of Scientific Management* dokumentierte. In dieser Zeit wurde das Leistungsprinzip zum Leitbild. Zielvorgaben dienten dazu, die Leistungen der Angestellten und Arbeiter zu kontrollieren. Wichtig war, das angestrebte Ergebnis zu erzielen, das »Wie« wurde aber nicht mehr unbedingt vorgeschrieben. Diese Organisationsform ist heute noch weit verbreitet, idealtypisch in großen multinationalen Konzernen. Derartig organisierte traditionelle Unternehmen sind gut darin, ihre bestehenden, bereits erfolgreichen Produkte und Dienstleistungen herzustellen und zu vermarkten. Sie verstehen es, komplizierte Arbeitsprozesse effizient zu planen und durchzuführen. Das Management plant, die Mitarbeiter führen aus. Es gibt klare Hierarchien und Job-Titel, die in einem Organigramm festgeschrieben sind.

Etwa zur selben Zeit entstanden auch die ersten Ideenprogramme für Mitarbeiter. Bereits Ende des 19. Jahrhunderts wurde bei Siemens erstmals das »betriebliche Vorschlagswesen« eingeführt und machte schnell Schule. In vielen Firmen gibt es heute noch solche Programme oder »Ideen-Briefkästen«. Die Vorschläge sollen entweder die Produkte verbessern, die Arbeitsprozesse optimieren oder die Sicherheit am Arbeitsplatz erhöhen. Für Vorschläge, die die Firma tatsächlich umsetzt, gibt es häufig Geld- oder Sachprämien. Neben diesen marktorientierten Zielen soll das betriebliche Vorschlagswesen aber auch Mitarbeiter motivieren und ihre Identifikation mit dem Unternehmen steigern. Wer ist nicht stolz darauf, wenn die eigene Idee wahrgenommen und vielleicht sogar umgesetzt wird?

In den Achtziger- und Neunzigerjahren des 20. Jahrhunderts

hatten dann moderierte Ideenprogramme Konjunktur. Sie trugen Namen wie »Kaizen«, eine aus Japan stammende Philosophie der ständigen Veränderung, die unter westlichen Managern viele Anhänger fand. Genauso wie der kontinuierliche Verbesserungsprozess (KVP) meint Kaizen eine schrittweise, inkrementelle Verbesserung der Qualität von Produkten und der Arbeitsorganisation. Mit Startup-Methoden oder Intrapreneurship-Programmen haben diese Formen der Mitarbeiterbeteiligung aber nichts zu tun. Der Unterschied ist einfach: Vorschlagswesen, KVP und Co. haben vor allem zum Ziel, die Qualität eingeführter Produkte zu erhöhen und bestehende Prozesse zu verschlanken und kostengünstiger zu machen. Es geht dabei um stetige, schrittweise erfolgende Verbesserungen, die Markus Ziegler von Pakadoo als »den nächsten Schritt« beschrieben hat. Also Innovationen ganz nahe an bestehenden Produkten, Services und Prozessen, kurz: an dem, was das Unternehmen sowieso bereits macht. Um bahnbrechende Innovationen, also radikal neue Produkte oder Geschäftsmodelle – also das, was viele Manager *disruptiv* nennen – geht es dabei nicht.

Heute befinden wir uns mitten in der nächsten technologischen Revolution, der Digitalisierung. Durch sie entsteht aber nicht nur eine neue Branche mit neuen Produkten. Der Wettbewerb ist global, die Märkte drehen sich durch die Digitalisierung extrem schnell. Wir leben und arbeiten heute in einer unsicheren Welt, die nicht mehr längerfristig planbar ist und immer schnellere Anpassung erfordert. Klassische Geschäftsmodelle verändern sich massiv oder werden durch ganz neue abgelöst.

Die traditionellen Unternehmen spüren den Druck der Veränderung. Sie werden von neuen Marktteilnehmern eingeholt und überholt. Zwar betreiben sie ihr traditionelles Geschäft nach wie vor effizient, stoßen aber an ihre Grenzen, wenn sie neue Wachstumsquellen durch Innovationen erschließen wollen. Denn sie erfassen neue Kundenprobleme und -bedürfnisse viel zu langsam. Neue Problemlösungen brauchen viel Zeit, weil sie von unten nach oben kommuniziert, dort entschieden und dann top-down wieder zurückgespiegelt werden. Viele Unternehmen sind daher zu träge und unbeweglich, um mit den neuen, agileren Mitbewerbern mithalten zu können.

Markus von Pakadoo kann aus eigener Erfahrung von diesem Unterschied erzählen: »Im Konzern bedeutet ›schnell‹: sechs Wochen. In einem Startup bedeutet es: morgen. Ein Unterschied wie Tag und Nacht. Was ›schnell‹ bedeuten kann, haben wir erlebt, als wir beim größten Versandhändler Amazon einführen wollten, dass die Kunden ihre PAK ID für den Versand an ihre Büro-Adresse direkt bei der Bestellung eingeben können. Amazon hat die Integration über Nacht gemacht. Die Option war am nächsten Tag live. Das war schon sehr beeindruckend.«

Im Grunde sind viele Unternehmen auch heute noch wie vor 50 oder 100 Jahren organisiert. Das ist in etwa so, als würde man mit einem Segelschiff anstatt mit einem modernen Schiff den Ozean überqueren. Das geht zwar irgendwie, aber man darf sich nicht wundern, wenn die Reise beschwerlich ist und man trotz aller Anstrengungen ständig überholt wird. Entscheidungen treffen dabei nicht diejenigen, die nah am Problem und nah am Kunden sind – das sind die Mitarbeiter –, sondern das Management. Wahrscheinlich hast du dich auch schon darüber geärgert, dass du eine Entscheidung, die du leicht hättest selbst treffen können, erst zur Absegnung deinem Chef vorlegen musstest – und der vielleicht noch einmal seinem Vorgesetzten. Dabei kann eine Menge Zeit vergehen, und wenn das »Go« dann endlich beim Mitarbeiter ankommt, ist es womöglich schon zu spät: »Tut mir leid, der Kunde hat sich inzwischen anders entschieden ...« Als Mitarbeiter fühlt man sich dann wie ein Rädchen im Getriebe, ohne Einfluss, ohne Gestaltungsmöglichkeiten.

Die streng gegliederte Organisation in Abteilungen mit klaren Hierarchien verhindert auch auf andere Weise Innovationen: Silodenken breitet sich aus, Abteilungen entwickeln eine Wagenburgmentalität. Pfründe, Privilegien, Budgets und die Anzahl der Mitarbeiter werden zum Selbstzweck. Du kennst wahrscheinlich mehr als eine Geschichte aus deinem Unternehmen, wo der Wettbewerb im eigenen Haus und der Kampf zwischen Abteilungsleitern wichtiger wurde als der Kampf um Kunden. Ein solches Silodenken kommt umso häufiger vor, je größer das Unternehmen ist. Und es wird richtig befeuert, wenn Bonusregelungen, zukünftige Ressourcenverteilung und Budgets nicht auf dem Gesamterfolg des Unternehmens basieren, sondern auf dem vermeintlichen Einzelerfolg unterschiedlicher Abteilungen. Zum Beispiel ist es für so manche Forschungs- und Entwicklungs-Abteilung undenkbar, dass innovative Ideen auch in anderen Abteilungen entstehen können. »Das kann nicht sein. Wo kämen wir denn da hin? Dann wären wir ja weniger wichtig oder gar überflüssig ...«

Was smarte Unternehmen anders machen

Smarte Unternehmen dagegen passen ihre Organisation und ihre Arbeitsweise an die neuen Gegebenheiten an und bedienen sich dabei einiger Methoden von Startups und erweitern somit ihr Toolkit. Sie adaptieren Methoden und Organisationsmodelle von Startups, die besonders gut darin sind, neue Kundenprobleme zu erkennen und als Antwort darauf Innovationen zu entwickeln. Startups sind Innovationstreiber, weil sie durch ihre Organisationsstruktur und durch ihre Methoden deutlich schneller und flexibler auf die derzeitigen Marktveränderungen reagieren können. Sie liegen dabei auch nicht immer von Anfang an richtig, keine Frage. Aber der Punkt ist: Wenn du eine

Entscheidung innerhalb von zwei Tagen triffst, anstatt dafür sechs Wochen zu brauchen, kannst du *sehr viele* Fehler machen, diese schnell korrigieren und dann die richtige Richtung mit voller Kraft einschlagen. Während du also bereits eine Menge über deinen Markt und die wahren Kundenbedürfnisse gelernt hast, wird anderswo noch immer über den allerersten Schritt nachgegrübelt! Darüber, wie Startups das konkret machen und was du dir bei ihnen abschauen kannst, erfährst du im dritten Kapitel mehr.

Mithilfe solcher Startup-Methoden gelingt es den smarten Unternehmen, Innovationsstaus aufzulösen, also dringend notwendige Neuerungen auch tatsächlich zeitnah umzusetzen. Es passiert aber noch mehr, und das betrifft dich und die Arbeit aller Angestellten – nicht nur derer, die in den neuen Programmen tätig sind: Die Kultur der Startups sickert von den Innovation Labs und unternehmerisch denkenden Intrapreneuren in das Unternehmen ein und macht dieses beweglicher. In einem smarten Unternehmen wird deine Arbeit besser und interessanter. Das wirkt ansteckend und kann das ganze Unternehmen im positiven Sinne »infizieren«. Smarte Unternehmen sind dabei, sich von bürokratischen, hierarchischen Organisationsformen zu verabschieden. Dadurch befreien sie deine Arbeit von einengenden Fesseln. Unternehmertum im Unternehmen, selbstbestimmte und kreative Arbeit von Angestellten: Das ist das beste Gegengift gegen Bürokratie.

Ist dieser Kulturwandel vom Management gewollt, kann es auch in deinem Unternehmen so laufen wie bei den Monday-Makers: Du und deine Kollegen bekommen einige Stunden oder sogar Tage pro Woche zur freien Verfügung, um eigenen Ideen nachzugehen. Dieses Modell ist unglaublich erfolgreich und hat schon viele Produkte hervorgebracht, die heute jeder kennt. Bei 3M entstand daraus zum Beispiel die Idee für die Post-it-Haftnotizzettel, bei Sony die Playstation und bei Google der Maildienst Gmail. Hier bekamen die Mitarbeiter jahrelang jeden Freitag Zeit für eigene Projekte. 20 Prozent ihrer Arbeitszeit war für Innovationen reserviert. Die einzige Vorgabe war: Tu das, wovon du glaubst, dass es Google nützt. Das war nicht nur für das Unternehmen gut, es machte die Arbeit auch kreativer und die Mitarbeiter glücklicher. »Heute lässt mein Chef mich machen« – das ist der Traum der meisten Angestellten. Wahrscheinlich auch deiner.

Eines möchte ich an diesem Punkt klarstellen: Genauso wenig wie ein Startup eine kleinere Version eines Großunternehmens ist, ist ein großes Unternehmen keine große Version eines Startups. Ein Konzern als Ganzes kann gar nicht wie ein Startup agieren. Er verfügt über eine funktionierende Infrastruktur, über eine bestehende Angebotspalette, über Kunden. Es wäre Unsinn, das alles aufzugeben. Das traditionelle Geschäft ist auch in smarten Unternehmen nach wie vor wichtig. Es geht nicht darum, es abzuschaffen, denn es ist nach wie vor der Kern der Unternehmung – und muss effizient gemanagt werden! Was smarte Unternehmen aber tun: Sie entwickeln sich weiter. Wenn ein Unternehmen smart geworden ist, dann kann es beides: das traditionelle Geschäftsmodell erfolgreich weiterführen und strukturiert Innovationen und neue Geschäftsmodelle entwickeln. Es hat die nächste Evolutionsstufe erreicht.

Smart ist sexy

In der Beliebtheit bei den Arbeitnehmern belegen smarte Unternehmen immer häufiger vordere Plätze. Das ist nur allzu verständlich. Oder arbeitest du gern in einer Firma, um die Anweisungen deiner Vorgesetzten auszuführen und deine Arbeit regelmäßig kontrollieren zu lassen? Bist du gern in einer Position, wo am Ende nur zählt, ob du ein von oben gestecktes quantitatives Ziel erreicht hast, egal wie gut und kreativ du dabei qualitativ gearbeitet hast? Die Zeiten haben sich zum Glück geändert.

Ich bin mir sicher, diese Botschaft kommt auch bald in deiner Firma an, wenn es noch nicht so weit ist. Denn dann eröffnen sich dir Möglichkeiten, um freier und kreativer arbeiten zu können. Ein wirklich beeindruckendes Beispiel dafür, wie schnell das gehen kann, ist erstaunlicherweise die Deutsche Bahn.

Warum erstaunlicherweise, fragst du? Nun ja, zum einen ist der ehemalige Staatskonzern sicher nicht die erste Firma, die einem in den Sinn kommt, wenn es um mehr Startup-Spirit, Sinn und Freiheit in einem etablierten Unternehmen geht. Zum anderen ist es tatsächlich noch nicht lange her, dass der Konzern weit davon entfernt war, seinen Mitarbeitern echten Freiraum auf breiter Front zu ermöglichen. In meinem letzten Buch war die Deutsche Bahn noch ein Negativbeispiel für falsch verstandenen Startup-Spirit, bei dem Wunsch und Wirklichkeit weit auseinanderklafften. Zwar wurde, wie damals *en vogue*, der Vorstand zur Innovationstour ins Silicon Valley geschickt und kurz darauf das Innovationslabor »d-lab« gegründet. Doch dort arbeiteten im Jahr 2015 gerade mal zehn (!) der insgesamt rund 320.000 Bahn-Angestellten, also gerade mal 0,03 Promille der Mitarbeiter. Gleichzeitig forderte die Deutsche Bahn in Stellenausschreibungen selbst von einem »Planungsingenieur für Fahrbahnen« unternehmerisches Denken und Handeln. Wo sollte er diese Fähigkeiten denn herhaben? Aus dem Studium oder einem Wochenendseminar? Das Ganze wirkte wie eine Farce. Doch die Bahn war damals mit dieser Vorgehensweise alles andere als allein.

Andere Unternehmen richteten ebenfalls hausinterne »Brutkästen« für externe Startups ein, sogenannte Inkubator- oder Accelerator-Programme. Sie sollen die fremden Startups finanziell unterstützen und Zugang zu den internen Ressourcen gewähren, zum Beispiel zu Büroräumen. Die Motivation der Unternehmen dahinter – sei es BMW mit seiner »Startup-Garage«, die Telekom mit »hub:raum« oder der Metro-Konzern mit seinem »Techstars Metro Accelerator« – war jedoch alles andere als rein altruistisch. Auf diese Weise versuchen Großkonzerne das Gleiche, was auch die beliebten Management-Reisen ins Silicon Valley und die Übernahme junger Firmen bringen sollen: Zugang zu innovativen Ideen und dringend benötigten Veränderungsimpulsen zu erlangen.

Ein schöner Ansatz, doch neben der großen Popularität unter Firmenchefs verband all die verschiedenen Bemühungen, um von der Welt der Startups zu profitieren, eine weitere Gemeinsamkeit: Sie funktionierten nicht von innen heraus. Sie nutzten nicht das Potenzial der eigenen Mitarbeiter! Und wenn überhaupt interne Mitarbeiter einbezogen wurden, dann nur mit einem Bruchteil der Möglichkeiten, so wie im d.lab der Deutschen Bahn. Sie nutzten nicht das Potenzial aller hundert, tausend oder zehntausend Mitarbeiter, das zweifellos vorhanden ist. Die Unternehmen sind doch voll mit ambitionierten, cleveren Menschen! Ähnlich war es bei den beliebten Managementreisen zur amerikanischen Startup-Szene: Ein paar wenige sollten es richten und den Unternehmergeist und den Mut, mal über den Tellerrand zu blicken, irgendwie demonstrieren, damit man an der Konzernspitze sagen konnte: Wir sind auch dabei. Ich fragte mich jedes Mal, wenn ich solche Geschichten hörte: Ist das alles? Kann das reichen? Wie soll das funktionieren?

Mittlerweile sieht die Welt ganz anders aus – denn auch der größte Konzern hat verstanden, wie sexy smart wirklich ist. In smarten Unternehmen hat jeder Mitarbeiter die Möglichkeit, sein Unternehmen durch eigene Ideen voranzubringen. Um es mal konkret zu machen: Das Intrapreneurship-Programm der Deutschen Bahn steht per se allen 320.000 Mitarbeitern offen. Ja, du hast richtig gehört. Allen 320.000 Mitarbeitern, nicht etwa nur einer Handvoll Auserwählter. Dabei ist es auch völlig egal, ob es sich um eine hochdekorierte Führungs- oder eine Reinigungskraft handelt. Wenn es ihre Idee schafft, ins Programm aufgenommen zu werden, sind alle Mitarbeiter gleich und »hierarchielos«. Sie werden in Startup-Methoden wie Design Thinking geschult und zur Hälfte oder zu hundert Prozent von ihrer eigentlichen Tätigkeit freigestellt, zunächst mit Rückkehrrecht auf ihre alte Position. Natürlich bauen nun nicht sofort alle 320.000 Mitarbeiter an neuen Ideen, aber sie *alle* haben die Möglichkeit dazu! Unternehmerisches Denken – und Handeln – ist heute bei der Deutschen Bahn nicht mehr nur ein Lippenbekenntnis.

Arbeitest du in einem Unternehmen, das sich gerade solchen Startup-Methoden öffnet und die Arbeit befreien möchte, dann musst du praktisch nur noch zugreifen. Nichts wird lieber gesehen, als dass du dich als Angestellter für solche Initiativen interessierst und aktiv daran teilnehmen möchtest.

Smarte Riesen

Viele ehemals klassisch aufgestellte Firmen entwickeln sich heute enthusiastisch zu smarten Unternehmen weiter, beispielsweise der Netzwerk-Spezialist Cisco Systems. Zwar war Cisco schon immer äußerst innovativ, keine Frage. Doch bis vor Kurzem entstanden Innovationen vor allem in der Entwicklungsabteilung oder durch Zukäufe und Beteiligungen von außen. Inzwischen ist das anders – das Unternehmen hat mittlerweile den Schatz erkannt, auf dem es schon immer saß, ohne ihn zu bergen.

Ende 2015 begann Cisco, das Potenzial seiner Mitarbeiter in einer völlig neuen Dimension zu heben: Beim ersten internen Innovationswettbewerb bekam jeder einzelne der 75.000 Angestellten die Möglichkeit, eigene Ideen vorzuschlagen. Das Angebot fiel auf fruchtbaren Boden. Die Beschäftigten reichten im ersten Jahr gleich 1100 Ideen ein, von denen es einige auch bis zur Marktreife schafften. Insgesamt arbeitet rund ein Drittel der Belegschaft aktiv am jährlich stattfindenden Wettbewerb mit, sei es als Mitglied eines Innovationsteams, als Mentor oder als Entscheider. Das bringt nicht nur zahlreiche Produkt- und Service-Innovationen hervor, sondern verändert die Unternehmenskultur grundlegend. Alexandra Hils, Head of Innovation Germany bei Cisco: »Durch den Innovationswettbewerb möchten wir die Kompetenz all unserer Mitarbeiter nutzen und jedem im Unternehmen die Chance geben, an Innovationen mitzuwirken. Sonst besteht die Gefahr, dass im Unternehmen ein regelrechter Innovationsstau entsteht. Aber genauso wichtig ist es, dass dadurch die Mitarbeiter ein Gefühl dafür bekommen, was Intrapreneurship bedeutet und wie sich das Unternehmen von innen heraus verändert. Die Mitarbeiter sollen merken, dass sie an ihrem Arbeitsplatz wirklich etwas bewegen können.«

Dass man als Angestellter tatsächlich Einfluss hat und etwas bewegen kann, hat sich offenbar herumgesprochen – Cisco zählt heute zu den innovativsten Unternehmen weltweit, wie eine Studie der Unternehmensberatung Boston Consulting Group aus dem Jahr 2018 zeigt.

Dass gerade die immer schon innovativen Unternehmen die digitale Transformation vorantreiben, zeigt auch IBM. An der Initiative »Cognitive Build«, die neue Formen der Zusammenarbeit und Innovationen fördern sollte, beteiligten sich fast drei Viertel aller 380.000 Beschäftigten aus 115 Ländern. Es entstanden fast 4000 Innovationsteams, deren Mitglieder sich mithilfe einer unternehmensinternen Software-Plattform, einer Art »Facebook für IBM«, zusammenfanden und organisierten. Die Entwicklung ihrer Ideen wurde über ein IBM-internes virtuelles Crowdfunding finanziert – jeder IBMler konnte 2000 Dollar auf die Teams verteilen, deren Ideen er am besten fand. Die 50 Teams, die dabei die meiste Unterstützung generierten, arbeiteten in der IBM-Zentrale in Austin zusammen mit Mentoren und Coaches weiter und präsentierten ihre Ideen vor Top-Führungskräften. Am Ende gab es faktisch mehr als die dabei ausgewählten Gewinnerteams: An vielen Ideen arbeiten die Mitarbeiter in ihrer freien Zeit weiter, Dutzende werden aktiv von IBM unterstützt.

Bemerkenswert an dieser Initiative ist der integrierte Crowdfunding-Prozess: Dadurch beschäftigte sich jeder einzelne Mitarbeiter mit den Ideen der Innovationsteams. Das ganze Unternehmen bekam ein Verständnis davon, wie kollaborativ die Arbeit der Zukunft organisiert sein kann. Es ist ja klar: Bist du als Mitarbeiter in eine solche Initiative eingebunden, schaust du anders darauf, als wenn du den Eindruck hast, »die da oben« wollen mal wieder irgendeine Restrukturierung in Gang setzen. Ich kann mir sogar gut vorstellen, dass das eine Initialzündung bei den Mitarbeitern hervorrufen kann, die in der ersten Runde noch nicht aktiv, sondern »nur« mit den 2000 Dollar als Sponsor beteiligt waren.

Aber auch die traditionell eher durch Forschung und Entwicklung geprägten Firmen sehen heute Startup-Spirit als wichtige neue Komponente, um innovativ zu bleiben. Zum Beispiel der Autokonzern Daimler, eines der etabliertesten deutschen Unternehmen. Bereits 2015 hatte CEO Dieter Zetsche angekündigt, dass das Unternehmen zukünftig das Beste aus beiden Welten auf dem Weg zum smarten Unternehmen nutzen wolle: »Wir werden Schritt für Schritt eine neue Innovationskultur bei Daimler etablieren. Nur so können wir die Stärken eines Weltkonzerns noch enger mit den Stärken eines Startups verknüpfen.«

Zwei Jahre später hat man bei Daimler eine Art globalen »100-Millionen-Dollar-Club« ins Leben gerufen. Dabei geht es um neue Geschäftsmodelle für die Mobilität der Zukunft.

Knapp die Hälfte der insgesamt rund 290.000 Beschäftigten aus der ganzen Welt war aufgerufen, ihre Ideen auf einer internen Plattform zu präsentieren. Dort konnte jeder sie sich anschauen und bewerten. Die Teilnahme war rege – 930 Ideen, 28.000 Bewertungen und mehrere Tausend Kommentare zeugen von der Lust auf Innovationen, die in den Angestellten eines Unternehmens schlummert und nur freigesetzt werden muss. Die Ideen mit den besten Bewertungen konnten deren Urheber dann einem Expertenteam von Daimler vorstellen, und der Gewinner der 100-Millionen-Challenge – wie die Initiative offiziell heißt – bekam die Möglichkeit, sie im hauseigenen Inkubator »Lab 1886« umzusetzen. So etwas wäre bei Daimler noch vor einigen Jahren undenkbar gewesen. Doch auch dort hat man erkannt, dass Konzern und Startup-Spirit sich nicht ausschließen

Ein weniger bekanntes Beispiel zeigt, dass nicht nur Unternehmen im Boot sind, über die sowieso alle sprechen. Kennst du die Firma G+D – in der Langfassung Giesecke+Devrient? Wahrscheinlich nicht. Trotzdem hast du wahrscheinlich schon einmal indirekt mit ihr zu tun gehabt. Denn viele Gegenstände, die du täglich benutzt, kommen von G+D: SIM-Karten, EC-Karten oder Pässe in zahlreichen Ländern der Welt. Außerdem ist das Unternehmen Marktführer bei der Produktion von Banknoten. Dazu zählt nicht nur der eigentliche Druck, sondern auch die Herstellung von Sicherheitspapier und von Maschinen zur Banknotenkontrolle in »Cash Centern«.

Obwohl die Geschäfte gut laufen, gibt es auch bei G+D Innovationsdruck durch die Digitalisierung. Deshalb hat der CEO ein internes Accelerator-Programm mit dem Namen »G+D advance52« aufgesetzt, wo Innovationsmanager zusammen mit Mitarbeitern der Mutterfirma und Experten deren Ideen auf Markttauglichkeit testen. Jahr für Jahr kommen mehr Ideen aus den Reihen der Mitarbeiter, und einige davon haben es bereits zur Marktreife gebracht.

Heute baut man bei G+D nicht nur auf das traditionelle Geschäft, sondern ist auf ganz anderen Feldern tätig. Zum Beispiel sorgt das Unternehmen für Sicherheit bei digitalen Authentifizierungsverfahren, etwa bei elektronischen Pässen oder Apps, und entwickelt Lösungen für digitale Währungen. Der Geist der Innovation hat das Hauptunternehmen erfasst. Philipp Schulte, bei G+D zuständig für Unternehmensentwicklung und Strategie und damit die Schnittstelle zum Accelerator, sagt: »Seit es die Einheit G+D advance52 gibt, sprechen mich immer häufiger Kollegen von G+D an, die sich unternehmerisch engagieren wollen. Die gab es sicherlich auch schon vorher, aber viele Ideen sind im Unternehmen stecken geblieben. Heute wissen die Mitarbeiter, wohin sie sich wenden können – und dass ihre Ideen auch wirklich erwünscht sind und angenommen werden.«

Die Reihe an etablierten Unternehmen, die smarter und innovativer werden, lässt sich fast endlos fortsetzen. Ein anderes ist beispielsweise der Technologieriese General Electric, der sage und schreibe fünfhundert Coaches angestellt hat, um seinen Mitarbeitern auf breiter Front Startup-Mentalität zu vermitteln. Zu den international spektakulärsten Beispielen zählt Zappos, das amerikanische Vorbild für Zalando. Um zu vermeiden, dass Zappos durch Wachstum und Erfolg irgendwann zu einem »normalen« Unternehmen wird und seinen Startup-Spirit verliert, ging Gründer Tony Hsieh einen radikalen Weg: Er gab die komplette Managementstruktur auf. Die Mitarbeiter von Zappos organisieren ihre Arbeit selbst. Es gibt keine Job-Titel und keine Top-down-Anweisungskultur mehr. Für verschiedene Aufgaben schlüpfen die Mitarbeiter in neue Rollen, Hierarchien und Entscheidungskompetenzen wechseln von Aufgabe zu Aufgabe.

Für viele Mitarbeiter war es zunächst anstrengend, sich an das neue Modell zu gewöhnen. So mussten sie zum Beispiel die

Schichtpläne für das Callcenter selbst zusammenstellen, was bei einem Versandhandel sicher keine ganz einfache Aufgabe ist. Die einzige Vorgabe war: Es soll funktionieren. Ihre Freiräume haben die Mitarbeiter kreativ werden lassen. Gemeinsam mit den Programmierern von Zappos haben sie beispielsweise eine Software gestaltet, die die Selbstorganisation vereinfacht. Eine andere Initiative entwickelte eine App, die den Mitarbeitern zeigt, wo gerade welche Kompetenzen für ein Projekt gefragt sind. Wer Interesse und Zeit hat, kann sich einklinken und in eine neue Rolle schlüpfen.

Der vergleichsweise radikale Wandel zum hierarchiefreien Unternehmen verlief bei Zappos zwar nicht ganz reibungslos – einige Mitarbeiter verließen das Unternehmen. Aber die, die geblieben sind, verspüren wenig Lust, noch einmal anders zu arbeiten.

Angestellte als Veränderungstreiber der Arbeitswelt

Du siehst, wir erleben gerade einen massiven Umbruch unserer Arbeit. Die Chance auf abwechslungsreichere Karrieren mit mehr Sinn, mehr Freiheit und mehr Gestaltungsmöglichkeiten ist endlich auch in etablierten Unternehmen zum Greifen nah. Zum Glück – denn das sind genau die Aspekte der Debatte um die Zukunft des Arbeitens, die große und lange gehegte Sehnsüchte der Angestellten spiegeln. Eine aktuelle Studie von Porsche Consulting zum Thema Arbeitszufriedenheit hat ergeben, dass neun von zehn Büroangestellten gern mehr eigene Ideen in ihrem Job einbringen würden. Jeder zweite wünscht sich Freiräume – zumindest eine Stunde am Tag –, um darüber nachzudenken und die Ideen ausarbeiten zu können. Zu ähnlichen Ergebnissen kommt eine breit angelegte Studie von Kienbaum und der Karriere-Plattform Stepstone: 85 Prozent aller Fachkräfte möchten möglichst selbstbestimmt oder in einem selbstverantwortlichen Team arbeiten.

Zwar zeigt eigentlich fast jede aktuelle Umfrage zu Arbeitsthemen, dass die meisten Angestellten unzufrieden in ihrem Job sind. In der Vergangenheit hatte das aber meist mit mangelnder Anerkennung und zu geringem Gehalt zu tun. Relativ neu sind die Erkenntnis und das offene Bekenntnis, dass Angestellte aktiv und kreativ werden wollen und Freiräume einfordern, und zwar über alle Generationengrenzen hinweg.

Das zeigt: Der angesprochene Paradigmenwechsel in Unternehmen – weniger Hierarchien, mehr Freiräume und Entscheidungskompetenzen für Mitarbeiter – ist Teil eines tiefgreifenden Wertewandels in unserer Gesellschaft. Durch die wirtschaftlichen Krisen der letzten zwei Jahrzehnte haben viele Menschen den Glauben an Geld und Sicherheit als Versprechen der Arbeitswelt verloren. Der Wunsch, sich stattdessen selbst zu verwirklichen und eine sinnvolle Arbeit zu verrichten, hat längst die Altersgrenzen der Generation Y überwunden und ist zu einem zentralen Motivator der Arbeitswelt geworden. Das haben unter anderem eine Langzeitstudie der Fachhochschule Köln und eine Untersuchung des Personaldienstleisters Robert Half ergeben.

Wenn ich in meinen Vorträgen über die junge Generation und ihre Werte spreche, dann hat das noch vor zwei, drei Jahren bei vielen älteren Führungskräften für nichts als Kopfschütteln gesorgt. Ich erinnere mich auch noch gut an Beschreibungen der Generation Y als »Diva beim Dorftanztee« (*Spiegel Online*) oder als »Generation Pippi Langstrumpf« (*WirtschaftsWoche*). Heute ist das anders. Das Kopfschütteln ist der Einsicht gewichen, dass die Wünsche der jungen Generation nicht unverschämt sind – sondern nachvollziehbar und keine Frage des Alters. Mittlerweile erlebe ich regelmäßig, dass Zuhörer nach einem Vortrag auf mich zukommen und sagen: »Ich bin zwar nicht mehr 25, sondern 45, und ich bin auch nicht in allen Punkten genauso.« Aber ich sehe das durchaus ähnlich« Und manchmal sind die Menschen, von denen ich diese Rückmeldungen bekomme, auch 55 oder 65.

Vor zwanzig Jahren galten die Unternehmen als beliebte Arbeitgeber, die ein überdurchschnittliches Gehalt zahlten und einen renommierten Namen hatten. Heute reicht das nicht mehr. Unternehmen sind dann attraktiv, wenn sie Freiräume bieten und einen Sinn stiften können. Kein Wunder, dass Startups so beliebt bei Absolventen sind, denn sie haben Sinn und Freiheit fest in ihrer DNA verankert. Paradebeispiele sind die Firmen von Elon Musk: der Elekroautomobil-Hersteller Tesla und das Raumfahrt-Unternehmen SpaceX. Beide haben eine klar definierte Mission. Das Ziel von Tesla ist »die Beschleunigung des Übergangs zu nachhaltiger Energie«, im Endeffekt also Mobilität ohne den Verbrauch von endlichen Ressourcen. SpaceX hat die Mission, den Mars zu besiedeln und den Lebensraum der Menschheit interstellar zu erweitern. Ob man den Enthusiasmus für diese Mission teilt oder nicht: Der Sinn der Unternehmung ist für die Mitarbeiter vollkommen klar und vollkommen transparent. Er erschöpft sich nicht in abstrakten wirtschaftlichen Kennzahlen wie in manchen traditionellen Unternehmen. Es geht nicht nur darum, Umsätze zu steigern, Gewinne zu erzielen oder den Aktienkurs zu steigern. Es geht um mehr, nämlich um die Zukunft der Menschheit.

Elon Musk zahlt nicht die höchsten Gehälter – gemessen an anderen Unternehmen aus dem Silicon Valley. Trotzdem bekommt er die besten Leute für seine Unternehmen, die sich außerdem für ihren Job sprichwörtlich zerreißen. Und warum? Weil jeder, der bei Tesla oder SpaceX beschäftigt ist, weiß, warum er morgens zur Arbeit geht. Wer bei Tesla arbeitet, kann sich vorstellen, dass er in ein paar Jahrzehnten von sich sagen kann: »Ich habe daran mitgewirkt, die Welt ein bisschen besser zu machen.« Und wer bei SpaceX beschäftigt ist, hat die Vision vor Augen, die Menschheit vor dem nächsten Asteroiden oder einer außer Kontrolle geratenen KI zu retten. Klar, der Sinn eines Unternehmens muss nicht immer gleich die Eroberung des Weltraums sein. Es geht durchaus auch ein paar Nummern kleiner. Aber es muss bei der Arbeit um mehr gehen als um Zielerfüllung, Kennzahlen und die Summe auf der Gehaltsabrechnung.

Wo wir gerade dabei sind: Warum kommst du eigentlich jeden Morgen ins Büro? Tust du es nur, weil du das Geld brauchst, oder steckt mehr dahinter? Was treibt dich an, wenn du um 20 Uhr noch am Schreibtisch sitzt, um eine Arbeit fertigzustellen? Ist es das Gefühl, du füllst gerade dein Konto, weil du – idealerweise mit 50 – in Rente gehen willst? Macht es dich glücklich? Oder fragst du dich manchmal oder immer öfter: »Was zum Teufel tue ich hier eigentlich?«

Natürlich gibt es auch heute noch Menschen, die sagen: »Das ist mir völlig egal. Sinn und Freiheit interessieren mich nicht die Bohne. Job ist Job.« Aber es gibt immer mehr, die mehr von ihrer Arbeit erwarten: »Wenn ich mich nicht zu 100 Prozent mit den Werten und Prinzipien meines Unternehmens identifizieren kann, wenn ich mir hier den Hintern aufreißen muss und nicht einmal weiß, wofür, dann kündige ich morgen.« Für die meisten Menschen sind Sinn und Freiheit allein nicht ausschlaggebend dafür, ob sie sich in ihrem Job wohlfühlen. Die Toleranzschwelle ist bei jedem anders. Aber das alte Sedativum »Mach einfach deinen Job, stell keine Fragen, verdiene dein Gehalt und sei damit zufrieden« ist heute nicht mehr ausreichend, um Mitarbeiter zu motivieren oder neue zu gewinnen.

Als ich selbst noch als Wirtschaftsingenieur in einem großen Unternehmen arbeitete, bewegte mich ein Schlüsselerlebnis dazu, die Sinnfrage zu stellen. Damals hatte ich die Vertriebsverantwortung für mehrere Länder und etwa dreißig Millionen

Euro Umsatz. Es war ein großes Meeting der internationalen Business Unit angesetzt, um über neue Produkte und Wachstumschancen nachzudenken. Dafür wurden über vierzig Leute aus der ganzen Welt eingeflogen. Wir kamen alle nach Spanien, wohnten in tollen Hotels und aßen in fantastischen Restaurants. Das Meeting dauerte mehrere Tage und war neben den Annehmlichkeiten auch äußerst produktiv: Am Ende der Veranstaltung hatten wir 168 Items auf der To-do-Liste, allesamt Ideen mit echtem Potenzial. Zwei Monate später fragte ich bei den Verantwortlichen nach, wie wir die Arbeit nun verteilen wollten. Die Antwort: »Ja, ja, das kommt. Ein bisschen Geduld noch.« Die gleiche Antwort bekam ich vier, sieben und zehn Monate später. Am Ende wurde keiner der 168 Punkte jemals auch nur angegangen! Und ich muss es noch einmal betonen: Da waren wirklich tolle, aussichtsreiche Ideen dabei.

Am Ende war das Meeting also nett gewesen – aber auch völlig sinnlos. Als mir das klar wurde, war das wie eine Initialzündung. Ich begann damit, mir Gedanken über mein erstes 4-Stunden-Startup zu machen. Ich hatte es satt, meine Zeit in hübschen Hotels und Meetings zu vergeuden, bei denen es zwar leckere Häppchen gab, aber nie mehr drin war als ein Appetitanreger. In Wahrheit machten sie mich und andere nur hungrig – eine unglaubliche Verschwendung von Potenzial und Lebenszeit.

Social Impact Partners – wie man mit spannender Arbeit wirklich etwas bewegen kann

Vielleicht hast du dir beim Lesen der letzten Seiten die Frage gestellt: Sinnvoll und eigenverantwortlich arbeiten, das wäre toll, aber bei mir im Unternehmen? Wie soll das funktionieren?

Tatsache ist: Eigentlich kann es fast überall funktionieren.

Oder hättest du gedacht, dass es ausgerechnet in einem Versicherungskonzern möglich ist, als Angestellter selbstbestimmt arbeiten zu können, wirklich etwas im Unternehmen zu bewegen und bei alldem auch noch etwas Sinnvolles zu tun?

Manuel Holzhauer erlebt genau das. Das Unternehmen, bei dem er arbeitet, heißt SIP – Social Impact Partners. Und Impact ist genau das, was er mit seiner Arbeit erzielt. Ursprünglich war Manuel im operativen Geschäft des Versicherungskonzerns Munich Re tätig, zu dem auch die Ergo gehört. Bei der Munich Re selbst wird eigentlich immer das Gleiche gemacht: Die Risiken der Erstversicherer – also die Unternehmen, bei denen wir als Kunden unsere Sach-, Renten- und Lebensversicherungen abschließen – werden bewertet und versichert. Es gibt klare Leitplanken, welche die Risiken konkret kalkulierbar machen. Alles, was rechts und links von der Straße lag, war für das Unternehmen deshalb lange Zeit nicht relevant.

Manuel aber interessierte sich schon immer für Dinge, die abseits vom Kerngeschäft liegen. Mit seinem Chef kam er irgendwann überein, dass er sich um alles kümmern sollte, was nicht auf der Straße – oder besser gesagt der seit Jahrzehnten dreispurig ausgebauten Autobahn – liegt, sondern daneben. Eben all jene Fälle, bei denen man das Risiko nicht auf die vierte Nachkommastelle genau kannte. Damit wurde er zum Innovationsmanager bei der Munich Re und kümmerte sich um die Offroad-Themen. Das ist natürlich ein weites Feld und bietet unendliche Möglichkeiten. Manuel hat einige davon ausprobiert.

Ein für ihn spannendes Thema war beispielsweise die Versicherung von Transfers von Fußballspielern. Im Jahr 2015 bahnte sich der Wechsel des damals 23-jährigen brasilianischen Nationalspielers Roberto Firmino von der TSG Hoffenheim zum Liverpool FC an. Medienberichten zufolge lag die Transfersumme bei 41 Millionen Euro – zu diesem Zeitpunkt der teuerste Spielertransfer der Bundesliga-Geschichte. Der Vertragsentwurf sah vor, dass Liverpool die Transfersumme gestückelt über mehrere Jahre hinweg überweisen sollte. Das birgt ein Risiko: Falls Liverpool im zweiten Jahr pleitegeht, hätte Hoffenheim ein Problem. Denn dann würden sie das Geld aus den verbleibenden Raten nicht mehr bekommen. Das Ergebnis wäre: Spieler weg, Geld weg. Manuels Idee bestand darin, mit einem Partnerunternehmen zu versuchen, die Kreditausfallwahrscheinlichkeit des Fußballvereins Liverpool zu bewerten. Das hatte bislang noch kein anderer versucht. Zwar wurde am Ende nichts aus dem Versicherungsgeschäft für Fußballtransfers, trotzdem hat es sich für Manuel gelohnt: Die Lernkurve bei diesem exotischen Fallbeispiel war steil und lehrte ihn viel über das Vorgehen bei ungewöhnlichen Risikoanalysen. Fußballtransfers bei der Munich Re? Ja, das Terrain abseits der viel befahrenen Business-Autobahnen erwies sich als spannend – fand auch Manuels Chef.

Das nächste, für Manuel sogar noch spannendere Projekt kam über eine Anfrage zu ihm: »Könnt ihr eigentlich eine Hilfsorganisation versichern?« Nicht gerade eine alltägliche Anfrage – was war passiert? Das Zentrallager einer NGO für medizinische Hilfsgüter in Ghana war gerade abgebrannt. Manuel war zunächst skeptisch, denn er hatte bis zu diesem Tag noch nicht einmal den Namen der anfragenden Organisation gekannt. Als er ihn googelte, stellte sich heraus, dass diese über ein jährliches Spendenvolumen von vier Milliarden US-Dollar verfügt. Die Gelder kommen von Stiftungen wie der Gates-Foundation und aus den Entwicklungshilfe-Töpfen von Geberländern. Und hier war kein Schuppen mit ein paar Pillen abgebrannt, wie sich herausstellte; über Nacht waren nicht weniger als 100 Millionen Euro an Sachwerten vernichtet worden, die Halle selbst gar nicht mitgerechnet.

Manuel wurde neugierig und klemmte sich hinter den Fall, der sich als äußerst spannend erwies – und äußerst risikoreich.

Die Organisation bekämpft die Verbreitung von Krankheiten wie Malaria, Tuberkulose und Aids und sie versorgt Kranke. Sie liefert HIV-Medikamente, Kondome und Moskitonetze in die abgelegensten Regionen von Afrika, Tausende von Kilometern von einer halbwegs entwickelten Infrastruktur entfernt. Die Lieferung von Hilfsgütern in solche Länder und die Lagerhaltung vor Ort sind riskant. Es gibt politische Risiken, Naturgefahren, Krieg, Korruption – oder es brennen ganze Wälder. Manuel fragte nach, wie die Organisation mit den Risiken umgeht und wie sie gegen den Brand der Lagerhalle versichert waren. Die Antwort: »Wir haben keine Versicherung. Die 100 Millionen Euro bezahlen wir selbst.«

Eigentlich unglaublich, bei den Summen, die hier im Spiel sind. Der Grund ist folgender: Bei Hilfsorganisationen gibt es kein Financial Rating wie bei anderen großen Organisationen, weil sie über keine Kapitalbasis verfügen. Weil die Organisation sich über Spenden finanziert, funktionieren die Methoden der Wirtschaftsprüfer nicht. Deshalb hatte bislang niemand die Organisation versichern wollen. Tatsächlich gab es überhaupt keine Datenbasis, wie oft solche Ausfälle vorkommen, welche Risiken es überhaupt gibt, wie hoch diese Risiken sind, und um welche Werte es dabei geht. Und deshalb kam zunächst auch bei Manuels Unternehmen große Skepsis auf, ob sich die Risiken überhaupt absichern lassen würden.

Wie gesagt: Bei der Munich Re war man effizient auf der Autobahn unterwegs. Dort galt: Neben der Straße fahren ist nicht sonderlich clever. Das kostet Geld. Das wird teuer, sobald wirklich ein Schadensfall eintritt.

Manuel aber ließ das Thema nicht mehr los. Er kämpfte dafür, es weiterverfolgen zu dürfen und suchte sich dafür im Konzern ein kleines Team zusammen. Weil es einen Partner vor Ort brauchte, wurde aus dem Projekt irgendwann eine eigene Gesellschaft, ein Joint Venture zwischen der Munich Re und dem südafrikanischen Erstversicherer Hollard: die SIP Social Impact Partners GmbH. Natürlich konnte die SIP den Ausfall aus dem Lagerbrand nicht mehr ersetzen, dafür war es zu spät. Aber Manuel und sein Team machten sich daran, Methoden zu entwickeln, um alle relevanten Daten zu erfassen, die für eine derartige Risikobewertung nötig sind. Eine Aufgabe, die sich nur mit der Unterstützung eines großen Konzerns im Rücken stemmen lässt. Das Know-how der Munich-Re-Gruppe und des lokalen Erstversicherers in Sachen Risikobewertung ist riesengroß, selbst wenn es noch keine »fertigen« Daten für diesen Fall gibt. Und ohne die Kapitalbasis eines Konzerns – die Gruppe der Munich Re macht jährlich einen Umsatz von 50 Milliarden Euro – wäre es schlichtweg unmöglich, sich in dieses neue Geschäftsfeld vorzuwagen, denn die Eintrittsbarriere ist extrem hoch.

Insgesamt eine Riesenaufgabe, die aber einen echten Sinn hat: Können Hilfsorganisationen sich demnächst gegen Schäden versichern, sind die Spendengelder nicht einfach futsch, wenn tatsächlich etwas passiert. Es ist nicht übertrieben zu sagen, dass es dabei für Hunderttausende Menschen um Leben und Tod geht. Für Manuel selbst ist das eine besondere Motivation: »Es ist spannend, bei der Lösung eines global so wichtigen und politisch wahnsinnig brisanten Themas dabei zu sein. Dabei zu sehen, welche Probleme es in der Welt gibt, die wir hier in München gar nicht haben. Und wie viele Menschen es betrifft. Wie viele Menschen müssen hungern? Wie viele Menschen sterben heute noch wegen eines Moskitostichs an Malaria? Das sind weltweit immer noch mehrere Hunderttausend Menschen im Jahr. Es ist einerseits krass, an solchen Themen zu arbeiten, auf der anderen Seite ist es extrem inspirierend. Es öffnet Horizonte, es ist eine ganz neue Perspektive auf die Welt. Auch meine politische Einstellung hat sich da im letzten Jahr noch einmal massiv verändert.«

Das Team von SIP besteht auch heute nur aus vier Personen. Sie organisieren ihre Arbeit komplett selbstständig, setzen sich eigene Ziele und lernen jeden Tag Neues hinzu. Niemand sagt ihnen, was sie am nächsten Tag zu tun haben. Das ist anstrengend, gibt Manuel zu, aber gleichzeitig hochspannend.

Und sie bewegen viel. Inzwischen gibt es mehrere Kunden, und für eine Organisation entwickelt das Team derzeit ein großes 300-Millionen-Euro-Versicherungsprogramm. Für den Konzern mag das finanziell eine kleine Nummer sein, aber für die daran Beteiligten ist es eine Riesensache, die aus einer anfangs umstrittenen Eigeninitiative entstanden ist und die eigene Arbeit wirklich mit Sinn erfüllt hat.

Das Projekt von Manuel ist nicht das einzige bei Munich Re. Der Konzern betreibt nicht nur einige Innovation Labs fernab vom Firmensitz am Englischen Garten. Er hat einen Innovationsfonds eingerichtet, der im Prinzip allen 45.000 Mitarbeitern offensteht. Wer eine neue Geschäfts- oder Produktidee hat, bekommt die Chance, sie vorzustellen. Je nach Bedarf bekommen die Mitarbeiter mit den erfolgversprechendsten Ideen dann Zeit und Mittel, um die Idee auszuarbeiten. Tom Van den Brulle, Global Head of Innovation bei der Munich Re Group, beschreibt die Bandbreite der Möglichkeiten: »Es gibt Ideen, da sagen wir den Mitarbeitern: ›Nimm dir drei gute Leute und einen Berater, dann schließt euch mal vier Wochen ein und kommt mit den Ergebnissen zurück. Das muss nicht viel kosten. Es kann aber auch sein, dass wir – wenn die Ideen bereits weiter gediehen sind – für die ersten drei Monate gleich einen signifikanten Geldbetrag bereitstellen. Das Versicherungsgeschäft ist stark von der Digitalisierung betroffen, und einige Projekte benötigen eine Menge an Daten, modernste Technologie und auf Big Data spezialisierte Programmierer. Das kann schon etwas kosten. Die Ideen der Mitarbeiter haben ganz unterschiedliche Reifegrade, und darauf reagieren wir.«

Vielleicht entstehen daraus ja weitere ähnlich eindrucksvolle Startups wie Social Impact Partners. Das Beispiel von Manuel zeigt besonders anschaulich, dass beides zusammenkommen kann: die Ansprüche von Arbeitnehmern, wirklich etwas zu bewegen, selbstbestimmt zu arbeiten und dabei möglichst noch etwas Sinnvolles zu tun – und die Bedürfnisse der Unternehmen, neue Wege zu beschreiten. Und es beweist, dass Unternehmen selbst in einer Branche, die als eine der trockensten überhaupt gilt, von innen heraus smart werden können – durch das Engagement ihrer Mitarbeiter.

Viele Wege, die Welt zu verändern

In einem smarten Unternehmen als Angestellter zu arbeiten ist heute also keine exotische Möglichkeit mehr, um selbstbestimmt unternehmerisch tätig zu sein und die dumme Arbeit hinter sich zu lassen. Natürlich gibt es nach wie vor andere Optionen: in einem Startup arbeiten, ein Startup oder ein 4-Stunden-Startup gründen. Die Frage ist, was das Richtige für dich ist.

Timm Richter, ehemaliger Produktvorstand des Business-Netzwerks XING und inzwischen selbst Gründer eines Startups, sagt dazu: »Wenn du ein eigenes Startup gründest, hast du die Chance, die Welt zu verändern und große Bedeutung zu haben. Die Chance ist sehr klein. Statistisch gesehen, passiert das fast nie. Wenn du in einem größeren Unternehmen arbeitest, kannst du dadurch, dass du so eine Organisation nutzt, auf eine ganz andere Art und Weise Wirksamkeit entfalten.«

Wenn du aber »das nächste Zalando« gründen willst und glaubst, dass du mit deiner Idee ohne Probleme im Alleingang ein millionenschweres Startup aufziehen kannst, dann ist der Intrapreneurship-Ansatz wahrscheinlich nichts für dich. Wenn deine Idee nichts mit deinem eigentlichen Beruf zu tun hat und du vielleicht nur etwas professioneller deinem Hobby nachgehen willst, dann kann das 4-Stunden-Startup die richtige Lösung für dich sein. Möglicherweise hast du in deiner Freizeit schon dein eigenes kleines Nebenprojekt gestartet. Vielleicht willst du einen dieser Wege weitergehen, vielleicht aber auch nicht – denn die Welt der »richtigen« Startups ist nicht immer so hip und glamourös, wie es so manche Story dir weismachen will.

Damit du die Lage besser einschätzen kannst, will ich kurz beleuchten, wo wir heute mit der Mission Weltveränderung stehen – mit einer knappen Standortbestimmung in Sachen Startups und 4-Stunden-Startups. Schauen wir uns einmal an, wie die Welt da draußen wirklich aussieht. Im Unternehmen – und im Großen und Ganzen.

Vom Startup-Hype zur Startup-Lüge

Es ist noch nicht lange her, da galten Gründer von Startups als Spinner, die keine Lust auf »richtige Arbeit« haben, in Cafés an ihrem Laptop herumspielen und wichtigtun. Das hat sich schnell geändert. Wer heute ein Startup gründet, gilt nicht mehr als Traumtänzer, sondern als Role Model. Startups sind zum Zukunftsmodell geworden. Sie versprechen Freiheit, selbstbestimmtes Arbeiten, Innovation und für einige wenige Gründer und viele staunende Beobachter auch sehr viel Geld. Gründer sind die neuen Helden. Manche von ihnen werden gefeiert wie Popstars. »Du machst ein Startup? Super.« Jeder will in einem Startup arbeiten. Wer von Startups erzählt, so scheint es, nimmt die rosarote Brille gar nicht mehr von den Augen.

Aber ist es wirklich erstrebenswert, in einem Startup zu arbeiten? Es gibt so einige Gründe, die dagegensprechen. Bei all dem Hype könnte man fast übersehen, dass viele einer gigantischen Startup-Lüge aufgesessen sind. Startups werden von einigen jungen und nicht mehr so jungen Arbeitnehmern mittlerweile als magischer Ort verkannt, an dem Glück und Erfüllung für jeden warten. Sie projizieren all ihre Wünsche und Ansprüche nach mehr Sinn und Freiheit in Startups. Und diese Erwartungen können bitter enttäuscht werden.

Der wichtigste Punkt ist vielleicht: Als Angestellter in einem Startup arbeitest du nicht für deinen eigenen Traum, sondern für den Traum eines anderen. Letzten Endes bist du auch als Mitarbeiter in einem Startup immer noch Angestellter, nicht »Unternehmer« im Wortsinn. Es ist nicht deine Idee, die du entwickelst, es ist nicht dein Ding. Daran können auch Tischkicker, Freigetränke, Obst, Snacks, kostenloses Mittagessen und monatliche Partys nichts ändern. Auch die viel zitierte coole Arbeitsatmosphäre in Startups kann das nicht.

Klar, die Leute sind toll, die Stimmung ist gut, manch einer spricht sogar davon, dass sich in einem Startup alles wie in einer Familie anfühlt oder wie Arbeiten mit Freunden. Die Kehrseite der Medaille ist aber: Trotz aller Verheißungen und trotz der tollen Atmosphäre sind Startups gleichzeitig oft Knochenmühlen mit endlosen Arbeitstagen, wenig Geld und einer enormen Unsicherheit. Das übersehen viele, die diese Welt nur aus Fernsehsendungen wie »Die Höhle der Löwen« kennen. Die Rundumversorgung mit Getränken, Essen und cooler Büroeinrichtung führt dazu, dass die meisten Mitarbeiter kaum Pausen machen und ständig an ihren Rechnern sitzen. Selten kommen die negativen Seiten öffentlich zur Sprache – zum Beispiel die oft miserable Bezahlung und Kurzfristverträge ohne wirkliche Bleibe- oder gar Aufstiegsperspektiven. Als Mitarbeiter fühlt man sich der gemeinsamen Sache verpflichtet. Weil die Atmosphäre cool ist und es gefühlt etwas »geschenkt« gibt (Kaffee, Kicker, Kreativzeit), beschwert man sich auch nicht über die Arbeitsbedingungen. Doch weil 90 Prozent aller Startups scheitern, steht man als Angestellter eines Startups am Ende oft wieder bei null: ohne Job, ohne Perspektive.

Diese Unsicherheit kennt eigentlich jeder, der sich ernsthaft mit Startups beschäftigt. Dort gehört Scheitern zum Geschäft: Ideen scheitern, Geschäftsmodelle scheitern, Startups scheitern. Deshalb gibt es dort auch keine langfristigen Verträge. Jeder versteht das, und viele nehmen auch ein geringes Gehalt in Kauf – weil es eben das Versprechen auf selbstbestimmte Arbeit, Lernen, persönliche und berufliche Entwicklung und Selbstverwirklichung gibt, und das ist scheinbar schließlich gratis.

Wird dieses Versprechen aber nicht eingelöst, gibt es ein Problem. Dann sind Startups nicht mehr die sexy Alternative zu etablierten Unternehmen, sondern gleichen modernen Sweatshops, in denen die Angestellten bis zum Umfallen arbeiten, ihre Lebenshaltung mit Ersparnissen finanzieren und dann quasi »zum Dank« nach ein paar Monaten wieder auf der Straße stehen und sich den nächsten Job suchen müssen – hoffentlich mit mehr Glück.

Was ist dir dein Startup wert?

Wenn du versuchst, deinen eigenen Traum zu realisieren und selbst ein Gründer wirst, weißt du nicht, ob das am Ende auch klappen wird. Die 90-Prozent-Pleitequote bei Startups bildet statistisch betrachtet letztlich auch deine Erfolgsaussichten ab. Die meisten Startup-Gründer leben auch nicht sicherer als ihre Angestellten, und vielleicht verdienen sie auch nicht mehr, sondern riskieren zum Teil noch ihr Eigenkapital, das sie mit in die Firma bringen. Der Tesla- und SpaceX-Chef Elon Musk hat zu den Problemen von Gründern einmal gesagt: »Unternehmer zu sein ist, wie Glas zu essen und permanent in den Abgrund des Todes zu starren.«

Es kann sich auch nicht jeder leisten, alles auf eine Karte zu setzen und komplett ins Risiko zu gehen. Manchmal zählt eine Festanstellung mit regelmäßigem Einkommen mehr als die geringe Aussicht auf den großen Durchbruch mit einem eigenen Startup. Andere haben zwar Ideen, scheuen aber das Risiko. Sie möchten nicht die Verantwortung auf sich nehmen, eine eigene Firma komplett neu aufzubauen. Sie sind Innovatoren, aber keine beinharten Unternehmertypen.

Stell dir die Frage, wie weit du gehen würdest. Wie weit bist du bereit, ins Risiko zu gehen? Kannst du es dir leisten, ein »richtiges« Startup zu gründen und im Falle des Scheiterns am Ende bei null zu stehen – oder vielleicht sogar noch eigenes Geld zu verlieren?

Was du dir auch klarmachen solltest: Als Startup-Entrepreneur wirst du dich in der Realität oft mit ganz anderen Dingen beschäftigen müssen als mit deiner eigentlichen Idee. In Sachen Unternehmensführung bist du wahrscheinlich ohne große Erfahrung – ein Amateur. Mit einem eigenen Startup musst du aber eine Infrastruktur aufbauen, wie sie »normale« Unternehmen haben. Damit meine ich Bereiche wie Buchhaltung, Controlling, Personalwesen, Vertrieb, Marketing, Public Relations usw. Willst du dir das wirklich antun? Bist du dir sicher, dass du das alles organisieren willst und dass du daran auch Freude hast? Wenn ja, bin ich der Letzte, der dich stoppen wird.

Wenn nicht, ist es für dich eine Alternative, in einem smarten Unternehmen anzuheuern, das dir die Freiheit gibt, kreativ und innovativ sein zu können. Das dir Ressourcen und Infrastruktur zur Verfügung stellt – in einem professionellen Umfeld mit Menschen, die ihr Handwerk verstehen und es dir ermöglichen, dich auf *dein* Ding zu konzentrieren. Ohne das ganze Drumherum einer Unternehmensgründung. Als Angestellter bekommst du jeden Monat dein Gehalt überwiesen, und du hast die Möglichkeit, unter dem Dach eines Unternehmens als Intrapreneur kreativ und innovativ zu sein. Die Entscheidung liegt bei dir.

Das 4-Stunden-Startup als Alternative

Eine andere Variante, deinen Unternehmergeist auszuleben, ist das 4-Stunden-Startup. Es bietet dir den Rahmen, unternehmerische Erfahrungen in einem Projekt zu sammeln, das kein großes Risiko in sich trägt, wirklich dein Ding ist und in dem du zu hundert Prozent selbstbestimmt arbeitest und von niemand anderem abhängig bist. Du allein entscheidest, wo es langgeht, wann du dafür arbeitest und wie viel Zeit du investierst: jeden Tag vier Stunden, jede Woche vier Stunden oder auch vier Wochen mal gar nicht. Alles ist möglich.

Ein 4-Stunden-Startup ist ein Projekt neben deinem eigentlichen »Brot-Job«, in dem du das Potenzial einer Geschäftsidee austesten kannst. Es ist ein zweites Standbein, das dir finanzielle und emotionale Freiheit gibt, gerade weil es nebenher läuft. Tausende Menschen entscheiden sich bewusst dafür, weil sie nicht Gefahr laufen wollen, dass ihr Leben nur noch durch die Selbstständigkeit geprägt ist. Sie wollen nicht von einem Hamsterrad ins nächste geraten. Sie wollen etwas tun, das ihnen Spaß macht, das sie erfüllt, das ihr Leben bereichert, das aber im Gegensatz zu einem reinen Hobby auch die Möglichkeit bietet, Geld zu verdienen – auch wenn das vielleicht nicht die Hauptmotivation ist.

Ein 4-Stunden-Startup ist nichts, womit du garantiert reich wirst; vieles hängt dabei von Glück und Zufall ab. Es ist der Startpunkt einer Reise, die überall hinführen kann. Entweder du machst es dauerhaft und ohne viel Stress – zum Beispiel, indem du Schals strickst und sie auf dem Online-Flohmarkt Etsy verkaufst. Das wäre die Low-Level-Variante, die nicht allzu viel von deiner Zeit und Energie braucht. Wenn dir eine solche Lösung Erfüllung und Sinn gibt, die dir dein Angestelltendasein nicht bieten kann, und du keine größeren Ambitionen mit deiner Gründung hast, ist das eine super Lösung. Wenn du auf diese Weise dein Ding gefunden hast wie viele Menschen auf der ganzen Welt vor dir – herzlichen Glückwunsch!

Vielleicht wird aber auch mehr daraus, und deine Idee hat so viel Potenzial, dass es als 4-Stunden-Startup irgendwann eigentlich gar nicht mehr zu betreiben ist. Dann musst du dich entscheiden. Gehst du den Weg, dein 4-Stunden-Startup in Vollzeit zu betreiben – oder fährst du deine Geschäftstätigkeit künstlich herunter? Ist das befriedigend? Bringt dich das weiter? Es kann sein, dass du dich irgendwann diesen Fragen stellen musst. Egal, wie du antwortest: Danach wird dein 4-Stunden-Startup nicht mehr so sein wie zuvor. Es hat seine Unschuld verloren, weil du mit deiner Entscheidung etwas verlieren kannst.

Ein 4-Stunden-Startup ist auch nicht für jede Lebensphase geeignet, vor allem wenn es viel Zeit in Anspruch nimmt und irgendwann einmal größer werden soll. Stell dir jemanden in mittlerem Alter vor, vielleicht neununddreißig Jahre alt, verheiratet, mit zwei Kindern und einer Hypothek auf dem neu gebauten Haus. Jemand in dieser Situation ist nicht wirklich in der Lage, ein eigenes Projekt mal eben nebenher zu starten – egal, wie sie oder er es anstellt und egal, wie groß oder klein es werden soll. Es passt einfach nicht. Das Zeitfenster für ein 4-Stunden-Startup hat sich mit der Geburt der Kinder und dem Hausbau einige Jahre zuvor geschlossen. Bis die Kinder aus dem Gröbsten raus sind und es sich wieder öffnet, wird es noch eine ganze Weile dauern. Für eine echte unternehmerische Idee ist das Zeitfenster im Leben nicht ewig offen. Es kann sich jederzeit durch eine Veränderung der Lebensumstände wieder schließen. Was dann? Das 4-Stunden-Startup aufgeben? Oder ins Risiko gehen und es zum Hauptjob machen?

Es gibt noch weitere Hindernisse: Du kannst zum Beispiel kein 4-Stunden-Startup gründen, wenn deine Idee mit dem Geschäft der Firma zu tun hat, in der du angestellt bist. Zwar hat jeder Angestellte in Deutschland das Recht, nebenher zu arbeiten, aber nur solange er nicht gegen »berechtigte Interessen« seines Arbeitgebers verstößt. Diese Interessen können zum Beispiel verletzt sein, wenn das 4-Stunden-Startup so viel Zeit und Kraft in Anspruch nimmt, dass die Leistungsfähigkeit als Angestellter darunter leidet. Oder wenn der Ruf der Firma dadurch beeinträchtigt wird. Vor allem aber geht es nicht, dass du mit deinem 4-Stunden-Startup in Wettbewerb zu deinem eigentlichen Arbeitgeber trittst. Ein angestellter Webdesigner darf nicht nebenbei als freier Webdesigner arbeiten. Sollte deine Geschäftsidee also sehr nah an deinem Hauptberuf dran sein, dann ist ein 4-Stunden-Startup keine Option. Definitiv eine Option ist in diesem Fall dagegen, sie als Intrapreneur in der eigenen Firma oder in einem internen Startup umzusetzen.

In meinem letzten Buch habe ich erzählt, wie ich meine eigenen 4-Stunden-Startups gegründet habe: das erste Mal im Jahr 2011, wenige Monate nach dem frustrierenden Erlebnis bei dem bereits beschriebenen Meeting in Spanien. Meine Idee war eine Unternehmensberatung, die ein Fahrtraining anbot, um die Kosten und Umweltbelastung von Firmen mit eigenem Fuhrpark zu senken. Nachdem ich die Firma so lange nebenbei aufgebaut hatte, bis absehbar war, dass das Geschäftsmodell funktioniert, kündigte ich meinen damaligen Job und baute das Unternehmen in Vollzeit weiter auf. Ende 2015 konnte ich die Firma an den ADAC verkaufen.

Parallel dazu gründete ich mein zweites 4-Stunden-Startup. Anfang 2015 ging der »Plötz & Betzholz Verlag« als erster Verlag für Social Influencer in Deutschland an den Start. Ein paar Monate nach der Gründung gewannen wir mit unserem digitalen Geschäftsmodell gegen hundertdreißig internationale Publishing-Startups die Wildcard der Frankfurter Buchmesse. Wir nutzten die Gelegenheit, um auf der Messe der Öffentlichkeit unser neues Buch vorzustellen – das sofort nach Erscheinen ein Bestseller wurde.

Und es kam sogar noch besser: Durch diese beiden Erfolge hatte unser Digitalverlag plötzlich die Aufmerksamkeit der Buchbranche auf sich gezogen. In meinem letzten Buch schrieb ich: »Wo das noch hinführt? Keine Ahnung, und es interessiert uns auch nicht besonders. Wir machen es, weil wir *können* – und nicht weil wir *müssen*.« Damals wusste ich noch nicht, dass wir unseren Verlag kurze Zeit später an die Ullstein Buchverlage in Berlin verkaufen würden – nur zehn Monate nach der Gründung. Da der Exit von uns Gründern so schnell kam, wir den Verlag aber weiter aufbauen und auch am weiteren Erfolg partizipieren wollten, blieben wir als Verlagsleiter an Bord. Und so führten wir fortan »Plötz & Betzholz« als internes Startup der Ullstein Verlagsgruppe weiter. Es folgten viele weitere Bestseller, und wir lernten auch alle Vor- und Nachteile eines internen Startups hautnah kennen.

Du siehst: Ein 4-Stunden-Startup kann ein Sprungbrett sein – um Erfahrungen zu sammeln, daraus ein Vollzeit-Startup zu machen oder es vielleicht sogar zu verkaufen. In jedem Fall lernst du unternehmerisches Denken und stößt auf Probleme, die du vorher noch nicht kanntest. Damit erwirbst du durch ein unternehmerisches Nebenprojekt Skills, die dir auch in deinem eigentlichen Job helfen können – indirekt.

Du tust aber nicht direkt etwas für deine Karriere. All dein Einsatz bleibt für die Firma unsichtbar, deine Erfolge werden dort nicht belohnt. Du wirst nicht befördert, weil dein Nebenprojekt erfolgreich ist. Wenn dir deine Karriere wichtig ist, dann ist ein 4-Stunden-Startup vielleicht nur die zweitbeste Lösung. Denn als Intrapreneur oder als »interner Startuper« verbesserst du dein Standing im Unternehmen direkt. Bist du erfolgreich, erfährst du eine hohe Aufmerksamkeit, die sich bezahlt machen wird – sei es finanziell, in Form einer Beförderung oder dadurch, dass du als Angestellter weiterhin frei, kreativ und selbstbestimmt arbeiten können wirst.

Genau diese Erfahrung hat Lars Hirschbach gemacht. Er arbeitet seit über sieben Jahren bei Cisco Systems und hat an dem bereits erwähnten internen Ideenwettbewerb »Innovate Everywhere Challenge« teilgenommen, der weltweit für alle Cisco-Beschäftigten offen ist. Bevor die Challenge Ende 2015 erstmals begann, hatte Lars bereits einige Ideen in seiner Schublade. Im Rahmen seines damaligen Jobs als Service- und Supportmanager für Großkunden war er immer wieder auf Probleme gestoßen und hatte dafür Lösungen entwickelt. Einige davon hatte er schon eingereicht, ohne dass es dafür ein Programm gegeben hätte. Es sei damals ein großer Aufwand gewesen, überhaupt Gehör zu finden und die Ideen unter die Leute zu bringen, sagt er. Und am Ende kam oft nichts dabei heraus.

Seine beste Idee aber reichte Lars dann beim Wettbewerb ein. Es handelte sich dabei um eine Datenbank, verbunden mit einer Smartphone-App zur Bestandsverwaltung aller vom Kunden bezogenen Cisco-Geräte – Server, Router, Netzwerkkomponenten und so weiter. Wird ein Gerät bewegt, ausgetauscht oder vom Distributor an den Kunden geliefert, muss lediglich die Seriennummer mit dem Smartphone gescannt werden, und Lars' Software würde sowohl dem Kunden als auch dem Service-Team von Cisco in Echtzeit einen Überblick aller Geräte über den Status und den Ort zu einem bestimmten Zeitpunkt liefern. Damit sind verschiedene Anwendungsfälle wie das Bestandsmanagement, das Tracken von Lieferungen, Projektplanung von Hardware-Austausch und Ähnliches möglich. Ein sehr mächtiges Tool mit sehr vielen Funktionen, die alle einen Mehrwert für den Kunden bringen und auch Cisco selbst die Arbeit erleichtern sowie die Kundenzufriedenheit erhöhen könnten.

Mit dieser Idee meldete sich Lars beim Wettbewerb an, doch damit war es nicht getan. Er musste auch umreißen, welche Ressourcen – auch personeller Art – er für die Umsetzung benötigte. In seinem Fall waren das zum Beispiel ein Programmierer und ein Business Development Manager. Für die nächste Runde – einem Workshop in San José, dem Hauptsitz von Cisco – musste das Team sich kräftig ins Zeug legen. Lars suchte sich die Teammitglieder selbst zusammen; den Business Development Manager kannte er, der Programmierer wurde ihm von einem seiner Vorgesetzten empfohlen. Die Rolle des Visionärs, der letztlich für den Erfolg verantwortlich ist, übernahm Lars selbst.

Beim Workshop in Kalifornien wurden die Teilnehmer in Präsentations- und Bewertungsmethoden wie dem Business Model Canvas geschult und arbeiteten den Kern ihrer Idee stärker heraus. Dann ging es weiter: Die nächste Aufgabe war, den Prototypen zu bauen, um die Idee den Cisco-Kunden zu präsentieren. Dazu wurden die vorgesehenen umfangreichen Funktionen der Software auf zwei wesentliche eingedampft, die die drängendsten Kundenprobleme lösen konnten. Lars' Team, inzwischen erweitert um einen Produktmanager, sprach während der Cisco-Hausmesse »Cisco Live« mit mehr als fünfzehn Kunden, darunter SAP und Deutsche Bahn, über die Idee und den Prototyp, um ein erstes Feedback zu bekommen und notwendige Änderungen sowie Erweiterungen zu identifizieren. Es funktionierte fantastisch.

Am Ende war der Wettbewerb für Lars ein voller Erfolg: Von den weltweit über 1100 eingereichten Ideen kam seine Idee in die Top 10. Er fand einen internen Sponsor, der das Team dabei unterstützte, die Idee weiterzutreiben. Heute werden viele der Software-Funktionen, die Lars ganz am Anfang vorgestellt hatte, von Cisco und seinen Kunden wie selbstverständlich genutzt, da sie in etablierte Produkte eingeflossen sind.

Es gab dafür zwar nur ein relativ kleines Preisgeld und auch keine direkte Beförderung, aber das war auch nicht Lars' Motivation gewesen. Für ihn sind rückblickend andere Aspekte viel wichtiger. Erst einmal war der Wettbewerb eine Chance, dass er eine seiner vielen Ideen endlich umsetzen konnte. Wesentlich war, seine Idee zum Leben erwecken zu können, dabei selbstständig ein eigenes Team zusammenzustellen, und die nötigen Mittel zur Verfügung gestellt zu bekommen. Das gibt ihm Befriedigung, ist gut für sein Selbstwertgefühl und die persönliche und berufliche Entwicklung, wie Lars sagt.

Hinzu kam, dass er im Zuge der Challenge eine enorme Aufmerksamkeit und Wertschätzung im Unternehmen erfuhr. Eine Menge wichtiger Leute wie zwei Vice Presidents, einige Directors und der für das Business Development verantwortliche Top-Manager interessierten sich für ihn und seine Ideen. Dass er so viel Erfolg beim Wettbewerb hatte, wurde im Intranet von Cisco umfangreich dargestellt und gefeiert. Lars wird seitdem im Unternehmen ganz anders wahrgenommen und hat enorm an Renommee gewonnen – vergleichbar mit jemandem, der ein Patent entwickelt hat. Das hilft ihm nicht nur im Tagesgeschäft, sondern auch in seiner Karriere. Heute arbeitet Lars in einem anderen Job als Customer Success Manager bei Cisco. Er sagt, dass der Erfolg im Innovationswettbewerb sicher auch ein wichtiges Argument dafür war, dass er diese Stelle bekommen hat.

Gute Zeiten für Revolutionäre

Vielleicht fragst du dich nach all den Beispielen: »Was hat das mit mir zu tun? In meiner Firma gibt es solche Programme nicht. Die ist nicht smart!« Das kann natürlich sein. Die Wahrscheinlichkeit, dass deine Chefs schon darüber nachgedacht haben, ist aber gar nicht so gering. Denn auf der Agenda der meisten Unternehmen steht heute ganz oben, Antworten auf die Digitalisierung zu finden und eben das zu tun: smarter zu werden. Sie wissen oft nur nicht, wie sie das anstellen sollen.

Wenn die Realität in deinem Unternehmen nicht so smart aussieht, dann musst du nicht warten, bis irgendetwas passiert. Wenn du selbst aktiv wirst, ist das eine viel stärker unternehmerische Haltung, als abzuwarten, dass dein Chef ein Intrapreneurship-Programm aufbaut. Auch als Angestellter hast du die Möglichkeit, eine Veränderung zum Besseren anzustoßen. Zum Beispiel dadurch, dass du selbst mithilfst, die Strukturen zu schaffen, um Innovationsprojekte ins Rollen zu bringen oder den Mitarbeitern mehr Freiräume zu gewähren.

Das hat zum Beispiel Alexander Zirl getan, der seit 2004 bei einem mittelständischen Softwareunternehmen, der d.velop Gruppe, im Münsterland arbeitet. Zunächst war er dort als ganz normaler Produkt- und Projektmanager tätig, heute ist er als »Chief Entrepreneurship Officer« die Anlaufstelle für alle im Unternehmen, die neue Ideen haben und in der Firma unternehmerisch tätig werden wollen. Er ist dafür zuständig, Innovationsprogramme aufzusetzen sowie interne Startups und Intrapreneurship im Unternehmen zu etablieren. Als er anfing bei d.velop zu arbeiten, gab es eine solche Stelle noch nicht. Doch das Management sah die Notwendigkeit, Unternehmertum im Unternehmen zu fördern, und so wurde Alexanders heutige Position neu geschaffen. Er ist jetzt die Schnittstelle zwischen dem Topmanagement und den Mitarbeitern, organisiert Ideen-Pitches, vernetzt Mitarbeiter zu abteilungsübergreifenden Teams oder hilft bei der Formierung neuer, eigenständiger, cross-funktionaler Teams. Bei ihm finden die Ideen der Mitarbeiter Gehör. Er schafft die Rahmenbedingungen und die Infrastruktur, damit diese Ideen getestet und, wenn sie marktgerecht sind, auch umgesetzt werden können. Alexander hat in seiner Firma einen neuen Job gefunden, der ihn unternehmerisch tätig sein lässt – und durch seinen neuen Job hilft er mit, dass auch viele andere Angestellte bei d.velop kreativ und eigenverantwortlich an Innovationen arbeiten können. Rund zehn Prozent der Angestellten sind bei d.velop heute in einer Art Intrapreneurship-Programm oder entsprechenden Teams tätig.

Du musst aber nicht gleich der Organisator der Revolution in deinem Unternehmen werden, wenn dir das eine Nummer zu groß ist. Wenn du »nur« eine innovative Idee hast, von der du überzeugt bist, für die du brennst, die deiner Meinung nach unbedingt umgesetzt werden muss, dann lohnt es sich, sie weiterzuverfolgen, ganz ohne irgendein vom Unternehmen institutionalisiertes Programm. Das ist die eigentliche Idee hinter Intrapreneurship. Als der Ansatz Anfang der Achtzigerjahre von dem US-amerikanischen Unternehmer, Berater und Autor Gifford Pinchot III. entworfen wurde und damit das Konzept des Unternehmertums im Unternehmen auf die Landkarte gebracht war, gab es natürlich noch keine solchen Programme. Doch es gab schon immer Angestellte, die unternehmerisch denken und handeln. Im Gegensatz zu heute waren diese »Macher« früher Einzelkämpfer, die sich manchmal über alle hierarchischen Strukturen hinwegsetzen konnten. Sie waren Ausnahme-Erscheinungen. Heute gibt es viel mehr von ihnen. Es ist selbstverständlicher geworden, dass Angestellte Ideen einbringen und auch gehört werden. Die meisten Chefs haben inzwischen von Startup-Methoden und Unternehmertum im Unternehmen zumindest gehört.

Aber selbst wenn das in deinem Unternehmen nicht der Fall sein sollte, kannst du deine Idee ohne Unterstützung von Vorgesetzten weiterverfolgen und überzeugende Argumente sammeln. Dafür brauchst du keine Erlaubnis. Wenn du allein nicht weiterkommst, suche dir Verbündete. Wenn dein Chef zum Beispiel sagt: »Ja, das hört sich zwar gut an, aber das ist technisch doch überhaupt nicht machbar?«, dann suche dir einen Ingenieur oder Produktentwickler und frage ihn, ob er Lust hat mitzumachen. Bringt dein Chef eine Killerphrase wie: »Schön und gut, aber die Kunden wollen das nicht ...«, dann verbünde dich mit jemandem aus dem Vertrieb und teste deine Idee.

Ein Beispiel dafür, wie das ablaufen kann: Der Chef einer großen Digitalberatung hat mir von einem Fall aus dem echten Leben erzählt. Der CEO einer Versicherung hatte die Idee für ein neues Versicherungsprodukt im Bereich der Sportgeräteversicherungen. Konkret hatte der Unternehmenschef vor Augen, dass es einen Markt für »Versicherungen on demand« geben könnte. Das heißt, wenn du deine Skier oder dein Snowboard nur eine Woche im Jahr benutzt, kaufst du genau für diesen Zeitraum eine Versicherung, und nicht etwa für das ganze Jahr, das du zu 95 Prozent nun mal nicht auf der Piste verbringst. Das Paket könnte beispielsweise online, mit einer SMS oder per App bestellt werden, so die Vorstellung des Versicherers. Die Idee wirkte schlüssig – es drängte sich die Frage auf, warum es ein solches Angebot nicht schon längst gab.

Die Antwort: Wenn eine Versicherung ein derartig neues Produkt auf den Markt bringt, kostet das den Anbieter zwischen zehn und zwanzig Millionen Euro, bevor eine einzige Versicherung verkauft ist. Vorbereitende Maßnahmen wie Kundenbefragungen, Marketing, Genehmigungsverfahren und vieles mehr sind dafür notwendig. Der Aufwand und das Risiko wären einfach zu groß, um einer Vermutung zu folgen, dass es dafür einen Markt geben könnte.

Wie hat die Versicherung diese Hürden übersprungen? Nun, es war November und der Beginn der Skisaison stand kurz bevor. Zwei Wochen nach dem Gespräch über die Marktidee standen Mitarbeiter der Digitalberatung in St. Moritz am Lift. Ausgerüstet waren sie mit einem Aufsteller für achtzig Euro, einem Stehtisch und einer Liste: Name, Ski-Typ, Versicherungsdauer, E-Mail-Adresse und Unterschrift, sowie einer Kasse. Auf dem Aufsteller stand, »Skiversicherung 1 Tag = 3 Euro, 1 Woche = 18 Euro«. Das war alles. Es gab kein »Produkt«, keine App – auch kein Onlineformular oder die Möglichkeit, die Versicherung per SMS zu kaufen. Das Einzige, was es gab, war die Zusage der Versicherung, einzuspringen, wenn in dieser Zeit tatsächlich ein paar Skier kaputtgehen sollten. Das Risiko belief sich also auf ein paar Hundert Euro.

Nach einer Woche hatten die beiden Mitarbeiter einige Hundert Versicherungen »verkauft«, Kundenkontakte gesammelt und ein sehr klares Bild darüber, ob es wirklich einen Markt für Versicherungen »on demand« gibt.

Sicher eignet sich dieses Vorgehen nicht für komplexere Produkte wie etwa Lebensversicherungen. Doch bei diesem simplen Versicherungstyp funktionierte es wunderbar – und es ging im Testzeitraum kein einziges Paar Skier kaputt.

Bei diesem konkreten Beispiel war es der CEO des Unternehmens, der den Anstoß gegeben hat. Doch im Grunde hätte jeder beliebige Mitarbeiter ähnlich vorgehen können, um eine Idee ohne große Kosten und Risiko zu testen. Mit dem Ergebnis eines solchen realen Tests bist du bereits einen großen Schritt weiter, wenn es darum geht, einen Markt zu validieren und deinen Chef von deiner Idee zu begeistern!

All diese Beispiele zeigen: Die Corporate World ist heute

nicht mehr so »corporate«, zäh und langweilig wie ihr Ruf. Du musst dich heute nicht entscheiden zwischen einem traditionellen Unternehmen, einem Startup oder einem 4-Stunden-Startup. In einem smarten Unternehmen kannst du alles auf einmal haben: regelmäßiges Gehalt, Sicherheit, deinen Unternehmergeist ausleben, dein eigenes Ding machen, Sinn und Freiheit. Der Boden ist bereitet; jetzt liegt es an dir, aktiv zu werden. Wie gehst du dabei vor, vor allem wenn es in deiner Firma kein offizielles Programm gibt? Das zeige ich dir in den nächsten beiden Kapiteln. Zuerst geht es darum, die Methode kennenzulernen, mit der du relativ selbstständig eine Idee auf ihre Tauglichkeit überprüfen und dann weiterentwickeln kannst: das Startup-Thinking. Danach geht es um die Haltung, mit der du dir im Unternehmen einen Weg freischlagen kannst, Unterstützer gewinnst und auch deinen Chef überzeugst: den Startup-Spirit.

Hallo, Chef

Die digitale Transformation des eigenen Unternehmens ist seit ein paar Jahren das Top-Thema in den Führungsetagen – wahrscheinlich auch bei dir. Dabei ist die Digitalisierung eigentlich kein neues Phänomen. Aber wir erleben gerade eine völlig neue Qualität der Entwicklung auf allen Ebenen.

Startups treiben digitale Innovationen und sind, anders als traditionelle Unternehmen, in dieser digitalen Welt zu Hause. Verglichen mit den etablierten Platzhirschen sind sie innovativer, schneller, agiler, kundenorientierter. Sie entwickeln skalierende Geschäftsmodelle, die enorme Wachstumsmöglichkeiten bieten. Das hat mit ihren Methoden und mit ihrer Kultur zu tun – und in hohem Maße auch mit den Mitarbeitern, die sie dadurch anziehen.

Einige der Etablierten begegnen diesem Wandel entweder

gar nicht oder nur unzureichend, vor allem wenn ihr Geschäft aktuell gut läuft – »noch« gut läuft. Oder sie verfallen in den Panikmodus und machen dabei vieles falsch. Dabei drücken sie die völlig falschen Hebel – zum Beispiel, indem sie sich Berater ins Haus holen, die einen Wandel bewirken und oft auch erzwingen sollen, so wie es in den vergangenen Jahrzehnten üblich war. Oder indem sie Führungskräfte ins Silicon Valley oder nach Berlin schicken, um sich die jungen Leute in den Startups anzuschauen. Oder indem sie Startups kaufen und glauben, damit den Schlüssel für Innovation bereits in der Tasche zu haben.

Die digitale Transformation ist kein einmaliges Change-Projekt. Sie muss dauerhaft im Unternehmen etabliert werden. Es genügt nicht, sich in blindem Aktionismus extern zu orientieren – Innovation kann und muss vielmehr von innen heraus entstehen. Dies ist eine zwingende Voraussetzung, um ein Unternehmen smart zu machen. Es braucht Unternehmer im Unternehmen, und das heißt: Angestellte, die den Wandel intrinsisch motiviert vorantreiben.

Dies ist eine der Kernaufgaben moderner Führung: Unternehmergeist auf breiter Front zu ermöglichen und zu fördern. Als Chef ist das deine Aufgabe, wenn du deine Firma transformieren möchtest. Das ist ein Prozess, der nicht von heute auf morgen mit der Brechstange implementiert werden kann. Die vollständige Transformation eines Unternehmens erfolgt schrittweise.

Das Innovationsgesetz: Wie Mitarbeiter ticken

Zu Beginn der Transformation ist natürlich nicht jeder Angestellte ein Intrapreneur, der unternehmerisch denkt und handelt. Es gibt Mitarbeiter, die fortschrittlicher denken und handeln als andere; und es gibt solche, die Veränderungen scheuen und am

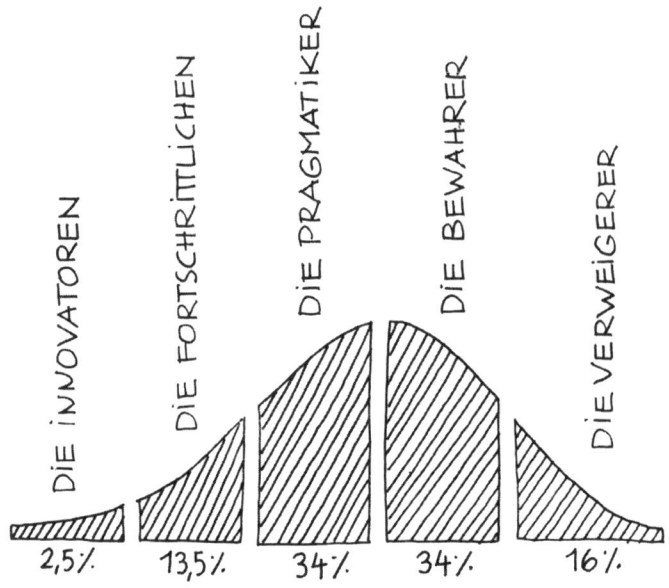

DIE INNOVATOREN DIE FORTSCHRITTLICHEN DIE PRAGMATIKER DIE BEWAHRER DIE VERWEIGERER

2,5%.   13,5%.   34%.   34%.   16%.

Abbildung 1: Das Innovationsgesetz

liebsten alles so lassen würden, wie es ist. Man kann sich das etwa so vorstellen wie auf der Kurve einer Normalverteilung: links die Innovatoren, rechts die Verweigerer, dazwischen die anderen. In Anlehnung an den Soziologen Everett Rogers, der mit diesem Modell zeigte, wie Innovationen in der Gesellschaft verbreitet und angenommen werden (»Diffusion of Innovations«), und Gunter Dueck, der auf diesem Modell aufgebaut hat, um die Innovationsbereitschaft von Mitarbeitern zu illustrieren, nenne ich es schlicht und einfach »Innovationsgesetz«.

In den meisten Unternehmen sieht es ungefähr so aus: Es gibt einige wenige Innovatoren, die neue Ideen haben. Das sind die Querdenker, die Traumtänzer, die »positiv Verrückten«, die Bürokratie und starre Strukturen ablehnen und sich nicht einpferchen lassen wollen. Dann gibt es die Fortschrittlichen, die die Ideen der Innovatoren verstehen, auch wenn sie selbst nicht so sind. Diese Gruppe ist schon etwas größer. Dann folgen die Pragmatiker, der frühe Mainstream. Das sind Angestellte, die offen für Neuerungen sind, weil sie wissen, dass Veränderungen notwendig sind. Ihr Motto ist: »Warum nicht?« Dagegen sagen die Bewahrer, der späte Mainstream, eher: »Ja, aber ...« Dort finden sich Bedenkenträger, die schon zu viele Restrukturierungen haben scheitern sehen, als dass sie an den Erfolg einer digitalen Transformation glauben. Und schließlich gibt es noch die Verweigerer, die sich gegen jede Veränderung sperren, weil Veränderungen ihnen generell Angst machen. Wahrscheinlich sind auch in deinem Unternehmen diese Gruppen von Mitarbeitern vertreten, und wahrscheinlich auch etwa in dieser Verteilung. Ich weiß: Das ist nicht für jeden Chef leicht zu akzeptieren.

Die *Innovatoren* sind extrem wichtig, um die digitale Transformation überhaupt in Gang zu setzen. Als Unternehmenslenker brauchst du diese »Verrückten«, auch wenn andere im Unternehmen sie für unbequem halten, weil sie die etablierten Strukturen immer wieder umgehen oder aufbrechen. Selbst wenn neun von zehn ihrer Ideen nicht funktionieren, funktioniert vielleicht die zehnte oder die fünfzigste – wenn sie unter den richtigen Bedingungen arbeiten können. Das hat kreative Arbeit so an sich.

Die »Verrückten« sind aber nicht nur dafür zuständig, Innovationen zu entwickeln. Sie leben auch vor, wie in einem smarten Unternehmen gearbeitet wird. Sie sind agil, kreativ, eigenverantwortlich und lassen sich nicht zwingend von Hierarchien ausbremsen. Ihnen ist es egal, ob etwas »schon immer so gemacht wurde«. Ihnen geht es um die Sache. Sie sind intrinsisch motiviert und leben Unternehmertum im Unternehmen. Sie brauchen vielleicht Leitplanken, um ihre Ideen im Sinne des

Unternehmens in die richtige Richtung zu lenken – aber vor allem brauchen sie Unterstützung und Arbeitsbedingungen, die sie nicht bremsen, sondern ihren Innovationsgeist erst voll zur Entfaltung bringen. Gib ihnen die Freiräume, die sie brauchen, unterstütze und schütze sie.

Die *Fortschrittlichen* sind offen für die digitale Transformation. Sie verstehen, was die Innovatoren tun und warum sie es tun, auch wenn sie selbst keine sind. Aber sie finden es wahrscheinlich cool, vorn mit dabei zu sein. Häufig gehören sie zu den Meinungsführern oder den Kommunikatoren im Unternehmen. Daher sind sie als Katalysatoren und Multiplikatoren ganz wichtig für den Transformationsprozess.

Die *Pragmatiker* lassen sich für die Transformation gewinnen, wenn das Top-Management konsequent den Weg der Erneuerung vorgibt und vorlebt. Dann orientieren sie sich an den Fortschrittlichen und sind dazu bereit, neue Techniken und neue Formen der Zusammenarbeit auszuprobieren und auch anzunehmen. Sie sind wichtig, weil mit ihnen eine kritische Masse erreicht wird, um das ganze Unternehmen auf den richtigen Weg zu bringen.

Die *Bewahrer* sind skeptisch, wenn es um Neuerungen geht. Manche lassen sich vielleicht noch überzeugen oder gehen den Weg mit, auch wenn sie nicht restlos überzeugt sind, nach dem Motto: »Die da oben werden schon wissen, was sie tun.« Sie werden wahrscheinlich keine Innovationstreiber mehr, können aber im Rahmen ihrer Möglichkeiten Innovationen unterstützen. Einige von ihnen lassen sich vom neuen Geist mitziehen, wenn sie die Vorteile erkennen, die für sie aus der Transformation entstehen: bessere Arbeitsbedingungen, weniger Bürokratie, weniger dumme Arbeit. Manche werden den Weg nicht mitgehen wollen und sich einen neuen Job suchen. Damit musst und kannst du wahrscheinlich leben.

In jedem Unternehmen gibt es auch die *Verweigerer*, die sich grundsätzlich gegen Neuerungen sperren. Sie wollen keine Freiheiten und keine Verantwortung. Das muss auch nicht sein. Wichtig ist, dass diese Gruppe die Transformation nicht blockiert oder torpediert. Als Führungskraft musst du ihnen wie allen anderen klarmachen: Es gibt keine Alternative.

Räume für Innovation schaffen

Damit die digitale Transformation gelingt, brauchen die Innovatoren – und mit ihnen Teile der Fortschrittlichen, die sie unterstützen – geschützte Räume. Viele meiner Interviewpartner haben das betont, zum Beispiel Zeynep Balioglu, die als Digital Transformation Manager beim Ableger der oben bereits erwähnten Firma G+D advance52, arbeitet. Sie erinnern sich, die mit den SIM-Karten und Authentifizierungsprogrammen. Zeynep sagte: »Ein geschützter Raum, wie zum Beispiel ein Inkubator oder ein internes Startup, ist wichtig für das etablierte Hauptunternehmen und seine Innovationsprojekte. Damit meine ich auch die räumliche Trennung. Unser Büro ist drei Kilometer von der Zentrale entfernt. So werden wir nicht so schnell von der Corporate-Kultur vereinnahmt, wir rutschen nicht in bestehende Prozesse hinein und vermeiden so Abhängigkeiten vom Hauptunternehmen. Wären wir in einem Büro im selben Haus oder auf demselben Gelände, dann wären wir schnell an die dort üblichen Regeln gewöhnt. Außerdem stellen wir so für das Hauptunternehmen auch keine Bedrohung dar und verhindern Silodenken. Man fragt sich nicht ständig: Was machen die da eigentlich, und wie viel Geld wird da möglicherweise gerade ›verbrannt‹?«

Tom Van den Brulle – Global Head of Innovation beim Versicherungskonzern Munich Re – sagt über die Bedingungen des Fortschritts: »Innovation kann eigentlich nur im geschützten

Raum stattfinden. Wenn man zu schnell den üblichen Profit-, Prozess- und Kostenanforderungen entsprechen muss, dann kann sich eine Idee nur schlecht entwickeln. Für uns als Versicherungsunternehmen gilt das noch mehr. Beim traditionellen Kerngeschäft darf sich ein Versicherer kaum Fehler leisten. Denn ein Fehler kann die Bilanz schon einmal mit mehreren Hundert Millionen Euro belasten. Und wenn man das mit neuen unternehmerischen Ansätzen zusammenbringen will, kommt man natürlich schon in Bereiche, wo sich Konzepte widersprechen. Unternehmerisches Handeln geht ja direkt einher mit einer starken Kultur, die Risiken bewusst eingeht. Deswegen ist es wichtig, dass wir Leute wie Manuel Holzhauer bei Social Impact Partners in ein unternehmerisches Umfeld setzen können, wo sie eine Idee auch gegen das traditionelle Geschäftsmodell entwickeln können.«

Geschützte Räume bedeuten im wörtlichen Sinne: Es braucht Räume, in denen die Innovatoren die Bedingungen vorfinden, um ihre Ideen auch umzusetzen. Sie dienen nicht allein dem Zweck, innovative Produkte und Services am Fließband rauszuhauen, damit sie dann in einer Schublade landen. Vielmehr sind sie dazu da herauszufinden, wie das ganze Unternehmen innovativ werden kann. Hier werden neue, von Startups entwickelte Methoden ausprobiert, neue, hierarchiefreie Formen der Zusammenarbeit ausgetestet und Eigenverantwortung der Mitarbeiter gestärkt. Wenn es gelingt, dass diese Erfahrungen in das gesamte Unternehmen zurückfließen, dann wird eine Aufbruchstimmung entstehen.

Unternehmensinterne Programme nehmen im Idealfall alle Mitarbeiter mit und nicht nur wenige »Auserwählte«. Frauke Mispagel hat jahrelang als Geschäftsführerin der Axel Springer Plug and Play Accelerator GmbH das Accelerator-Programm verantwortet. Sie war auch in die Arbeit eines Intrapreneurship-Programms involviert und ist derzeit als freie Beraterin für Innovations- und Investmentthemen tätig ist. Sie empfiehlt, sich vorher über die Erwartungen und Ziele Gedanken zu machen. »Die Frage bei Intrapreneurship-Programmen ist: Wie definiert man Erfolg? ›Macht mal‹ reicht da nicht immer aus, so waren jedenfalls meine Erfahrungen bei Springer. Ohne überprüfbare Ziele werden Konzerne irgendwann ungeduldig. Gibt es dann keine Erfolge nachzuweisen nach dem Motto ›Wir haben Ziel X und Ziel Y erfüllt‹, droht die Gefahr, dass ein Programm ins Leere läuft oder gar abgeschaltet wird. Was es für ein Intrapreneurship-Programm braucht, sind Ziele (›Was wollen wir erreichen?‹), eine Definition von Erfolg (›Wie messen wir Erfolg?‹) und auch echte Incentives für die Intrapreneure. Auch die brauchen neben dem Interesse an selbstbestimmter Arbeit ein persönliches Karriereziel.«

Die Förderung von Intrapreneurship kann etwa so aussehen wie bei den MondayMakers: Alle Mitarbeiter bekommen einige Stunden oder sogar Tage Zeit zur freien Verfügung, um eigenen Ideen nachzugehen. Dieses Modell ist bekannt als die »20-Prozent Regel« von Google. Keine Sorge: Die meisten Mitarbeiter werden das nicht als Extra-Freizeit betrachten. Sie werden die Zeit im Sinne des Unternehmens nutzen. Erinnern Sie sich noch an die Umfrage zum Thema Arbeitszufriedenheit? Auch wenn Google die 20-Prozent-Regel inzwischen wieder abgeschafft hat, weil es die Innovationsarbeit inzwischen anders strukturiert – das Konzept selbst ist nicht gescheitert und wird in vielen Unternehmen weiterhin erfolgreich angewendet.

Wie aber kann man die Freiräume für Mitarbeiter schaffen, um solche Modelle zu ermöglichen? Sind die meisten nicht bis obenhin mit Arbeit zugeknallt? Wahrscheinlich schon. Über diese Frage hat sich auch Daniel Rook Gedanken gemacht, der als Personalchef von Schneider Electric für 6500 Mitarbeiter in Deutschland, Österreich und der Schweiz verantwortlich ist. Gleichzeitig ist er Geschäftsführer von inno2grid, einem Startup, das Schneider Electric als Joint Venture mit der Bahn-Tochter DB Energie gegründet hat. »In der Vergangenheit kamen bei Schneider Electric wegen des operativen Tagesgeschäfts nicht so viele neue Themen hoch. Die Mitarbeiter sind so überladen, dass sie nicht mehr in der Lage waren, innovative Ideen zu produzieren. Deshalb planen wir auch ein neues Projekt, um Freiräume für die Mitarbeiter zu schaffen: ›Free Up Your Energy‹. Unser Ziel ist es, 30 Prozent unserer Arbeit an Bullshit-Themen und ineffektiven Prozessen zu reduzieren, um diese 30 Prozent für innovative Themen und für unsere Kunden nutzen zu können.«

Wie schafft man das? Im gesamten Unternehmen wurden in jedem Land, an jedem Standort Prozesse analysiert und die Möglichkeiten weiterer Automatisierung erörtert, um Zeit zu sparen. Manche Tätigkeiten lassen die Mitarbeiter inzwischen auch einfach weg. Daniel Rook: »Das kann jeder Mitarbeiter selbst mitsteuern, zum Beispiel indem er zukünftig nur noch an fünf Meetings teilnimmt statt wie bislang an zehn. Genau das meine ich mit ›Bullshit-Themen reduzieren‹.« Schneider Electric setzt auf eine Mischung aus Umgestaltung der Prozesse von oben und Eigenverantwortung der Mitarbeiter. Selbst wenn das Unternehmen die angestrebten 30 Prozent nicht erreicht, so entstehen doch Freiräume. Es liegt am Management, diese für kreative Arbeit an Innovationen freizugeben und die Arbeit im Tagesgeschäft nicht weiter zu verdichten.

Es gibt noch einen weiteren interessanten Aspekt, der auch mit der Rolle von Daniel Rook als Personalverantwortlicher bei Schneider Electric und Geschäftsführer von inno2grid zu tun hat: die Verzahnung von Hauptunternehmen und internem Startup, ohne dass letzteres seinen geschützten Raum verlassen muss. Regelmäßig werden interessierte Mitarbeiter von SE ins Joint Venture geschickt, arbeiten dort eine gewisse Zeit und kehren anschließend auf ihre Stellen zurück – mit neuen

Methoden, einer anderen Haltung und vielen Ideen. Genauso rekrutiert das Human-Resources-Team von Daniel Rook gezielt Mitarbeiter für inno2grid, um sie später zu Schneider Electric zu versetzen. Was da passiert, nennt sich »Reverse Mentoring«. So wie in traditionellen Unternehmen die Dienstälteren die junge Generation coachen, geschieht dies hier umgekehrt. Die Digital Natives coachen die Etablierten im Hinblick auf die Digitalisierung, neue Methoden und Geschäftsmodelle.

Wie aber holst du die Digital Natives in dein Unternehmen? Tobias Wittich, Managing Director und Co-Gründer des großen Startup-Hubs »The Place Berlin«, gibt folgenden Rat: »Du musst ein besonderes Arbeitsumfeld und eine agile Unternehmenskultur schaffen, um in Zukunft die besten Talente zu bekommen. Vor zwanzig Jahren hat man die Leute rein übers Gehalt gekriegt. Was zählte, waren ein renommierter Name und ein gutes Gehalt. Die Absolventen sind dann dorthin gegangen, wo sie am meisten verdienen konnten. Das interessiert heute überhaupt nicht mehr. Klar, sie erwarten, dass sie marktüblich bezahlt werden, es möchte schließlich keiner etwas verschenken. Die Hauptkriterien sind heute aber ganz andere: flexible Arbeitszeiten und flexible Arbeitsgestaltung, Freiheit, wenig Hierarchien im Unternehmen, die Möglichkeit zur Eigeninitiative und zum Ausleben von Unternehmertum, ›einfach mal machen‹ zu können und dabei auch Fehler machen zu dürfen.«

Ohne einen Wandel zum smarten Unternehmen wird es also in Zukunft schwierig werden, fähige Mitarbeiter zu finden. Startup-Spirit ist nicht nur wichtig für das Überleben der Firma, sondern auch unverzichtbar für das Employer Branding.

In der Unternehmenswelt hat sich schon viel getan, und es tut sich weiterhin viel. Auch in deinem Unternehmen? Und was ist mit deinen Mitarbeitern? Auch wenn sie zurzeit nicht wie Innovatoren und Intrapreneure auftreten, kannst du ziemlich sicher sein, dass es diese Gruppen auch in deinem Team gibt.

Du musst sie dir nicht erst backen. Du musst sie nur finden und lernen, sie zu verstehen. Das schaffst du, indem du Freiräume schaffst. Erst wenn es die gibt, wagen die Erneuerer sich aus der Deckung und nutzen den Spielraum. Sie warten nur auf ein Signal. Förderst du die Intrapreneure in deinem Unternehmen, geben sich immer mehr von ihnen zu erkennen; ignorierst oder bremst du sie, entwickeln sie auch immer weniger Unternehmergeist. Und wenn es ganz dumm für dich läuft, werden sich manche von ihnen früher oder später andere Räume suchen – in anderen Unternehmen, die mehr Freiheiten bieten.

Je mehr Räume im übertragenen und im wörtlichen Sinne es für die Mitarbeiter gibt, desto schneller und besser wird die digitale Transformation gelingen. Immer mehr Mitarbeiter werden den Intrapreneur in sich entdecken – auch diejenigen, die jetzt vielleicht noch nicht wissen, was da in ihnen schlummert. Hast du nicht Lust, sie von der Leine zu lassen?

3

Intrapreneurship für Angestellte: Wie aus deiner Idee ein erfolgreiches Projekt wird

»Wenn ich eine Stunde habe, um ein Problem zu lösen,
dann beschäftige ich mich 55 Minuten mit dem Problem
und fünf Minuten mit der Lösung.«
Albert Einstein

Im letzten Kapitel hast du erfahren, wie sich die Arbeitswelt in den letzten Jahren verändert hat und warum du deshalb heute auch als Angestellter unternehmerisch tätig sein kannst. Und ich habe dir gezeigt, warum das Vorteile gegenüber einem 4-Stunden-Startup oder einem normalen Vollzeit-Startup haben kann.

Falls es in deinem Unternehmen bereits ein Intrapreneurship-Programm, interne Startups, Innovation Labs oder andere Maßnahmen gibt, fällt es dir jetzt hoffentlich leichter einzuschätzen, welche vielfältigen Möglichkeiten für kreatives, selbstbestimmtes und sinnvolles Arbeiten sie dir bieten können. In diesem Fall kannst du dir überlegen, dich dafür zu bewerben. Gibt es kein formalisiertes Programm, hast du vielleicht Lust bekommen, selbst die Initiative zu ergreifen. Zum Beispiel indem du bei deinen Chefs Unterstützung für eine eigene Idee einholst, oder indem du auf andere Weise versuchst, mehr Startup-Mentalität in dein Unternehmen zu tragen und dadurch die Arbeit für alle besser zu machen. Und selbst wenn du im Moment noch keine eigene Idee hast oder gerade erst mit einer schwanger gehst, hoffe ich, dass du jetzt noch motivierter bist, intensiv darüber nachzudenken und sie zum Leben zu erwecken.

In diesem Kapitel beschäftigen wir uns damit, wie du mithilfe des Denkmodells »Startup-Thinking« die Schritte durchläufst, denen auch erfolgreiche Startups in der Anfangsphase folgen:

1. Wie du überhaupt auf eine Idee kommst,
2. wie du beurteilst, ob sie auch funktioniert,
3. wie du sie in deinem Arbeitsumfeld entwickeln kannst und
4. wie du sie auf ihre Marktfähigkeit testest.

Doch bevor ich dir diesen Denkansatz und seine Methoden vorstelle, ist es wichtig, dass du dir noch einmal vor Augen führst, unter welchen Voraussetzungen du eine Idee in einem Unternehmen überhaupt zum Erfolg führen kannst.

Du, dein Unternehmen und die Welt draußen

Wenn du als Angestellter mit einem unternehmerischen Projekt etwas bewegen willst, dann müssen drei Dinge zueinanderpassen:

- deine eigenen Interessen, Fähigkeiten und Ideen
- die Ziele, Kompetenzen und die DNA deines Unternehmens
- die Probleme und Bedürfnisse von Kunden in der Welt draußen

Gute Ideen entstehen, wenn alle drei Faktoren zusammenkommen, und erst dann kann aus einer Idee ein erfolgreiches

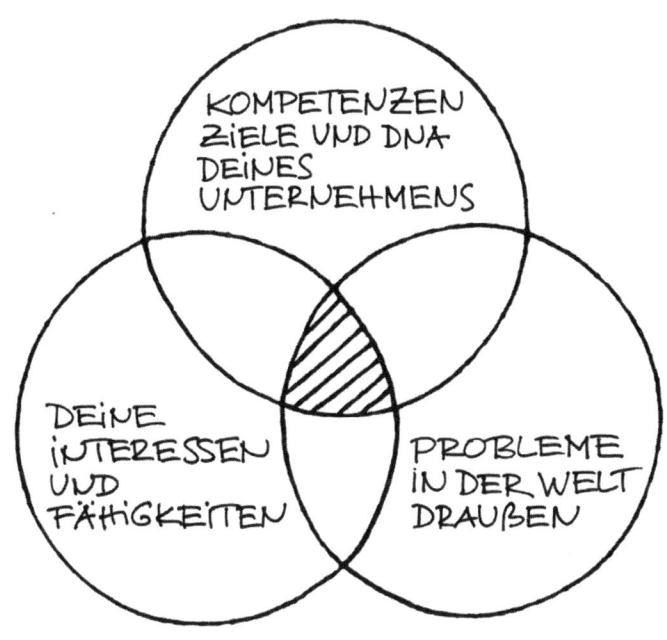

Abbildung 2: Drei Faktoren für ein erfolgreiches Intrapreneurship-Projekt

Projekt werden. Warum das so ist, wollen wir einmal genauer beleuchten.

Deine Interessen und Fähigkeiten: die Idee

Wenn du in deiner Firma unternehmerisch tätig werden willst, womit willst du dich dann beschäftigen? Klar, es sollte etwas sein, was dich interessiert und wobei du deine besonderen Fähigkeiten und Qualitäten einbringen kannst. Schließlich willst du ja »die dumme Arbeit« hinter dir lassen; da macht es keinen Sinn, wenn du dich langweilst oder etwas tust, worin du nicht gut bist.

Stell dir deshalb die Frage, ob dir das, was du vorhast, auch wirklich wichtig ist – also mehr als eine fixe Idee, die schnell wieder ihren Reiz verliert. Angenommen, du hast eine Idee, die zu deinem Unternehmen passt und von der du überzeugt bist, dass sie es schaffen kann. Was würde es für dich im Alltag bedeuten, daran zu arbeiten und sie umzusetzen? Würde es dir Spaß machen, dafür vollen Einsatz zu bringen, die Idee vielleicht auch gegen Widerstände durchzusetzen und dich damit vielleicht eine ganze Zeit lang zu beschäftigen? Würde dir das mehr Spaß machen als deine jetzige Tätigkeit? Und bist du bereit, dafür noch mehr zu leisten als jetzt und sogar Überstunden zu fahren?

Wenn du all diese Fragen mit Ja beantworten kannst, bist du schon auf dem richtigen Weg. Ich setze mal voraus: Wenn du jemand bist, der die Idee von Unternehmertum im Unternehmen gut findet, ist es dir schlichtweg egal, ob es anstrengend wird. Deine Idee lässt dich nicht mehr los. Du willst etwas tun, du willst loslegen, weil du es *willst* – nicht, weil du es musst. Es ist deine Entscheidung und dein Ding, das du zumindest austesten willst – ganz egal, was am Ende dabei herauskommt. Du willst dir später keine Vorwürfe machen, weil du deiner Idee nicht nachgegangen bist.

Zentral für die Erfolgsaussichten deines Vorhabens ist auch die Frage, ob du dabei deine besonderen Fähigkeiten einsetzen kannst. Je besser du diese einbringen kannst, desto größer ist dein Impact – dein Vertrauen in die eigenen Stärken und dein Leistungsvermögen wirken sich positiv aus. Du wirst schneller Fortschritte erzielen, die Erfolgswahrscheinlichkeit steigt, und du kannst besser mit Rückschlägen und schwierigen Situationen umgehen. Nicht zu vergessen: Wenn du etwas besonders gut kannst, dann macht die Arbeit auch mehr Spaß.

Alle Menschen, die ich für dieses Buch interviewt habe, haben etwas gemeinsam: Sie haben etwas in Gang gesetzt, was ihren Interessen und Fähigkeiten entspricht. Und sie sagen, dass nur das einen Sinn für sie ergibt. So wie Caterine Schwierz von den MondayMakers. Was sie besonders gut kann, ist Karriereberatung. Ihre Idee für ein neues Geschäftsfeld greift genau dieses Thema auf. Und seitdem ihr die Idee beim Lunch in Düsseldorf kam, hat sie sie nicht mehr losgelassen. Auch Manuel Holzhauer von der Munich Re hat seine Fähigkeiten in eine neue Richtung »abseits der viel befahrenen Straße« gelenkt. So ähnlich war es auch bei den anderen.

Bei alldem darfst du aber nicht vergessen, dass du nicht alles selbst machen musst, wenn du eine Idee im Unternehmen zum Leben erwecken möchtest. Erinnere dich mal an Kris von Pakadoo. Er ist ein Erfinder mit kreativer Ader und vielen Ideen in der Schublade, aber er sieht sich nicht unbedingt als jemand, der Führungsverantwortung übernehmen möchte. Markus dagegen kann genau das gut: Führen und das Corporate Startup nach außen vertreten. Ein Unternehmen bietet dir auch in dieser Hinsicht den Vorteil, das zu tun, was du am besten kannst und was dich am meisten interessiert: Du findest leicht Partner und Unterstützer. Als Startup-Gründer im Alleingang hättest du diesen Vorteil nicht.

Wenn du also darüber nachdenkst, was dich wirklich interessiert und was du besonders gut kannst, dann konzentriere dich erst einmal auf die positiven Aspekte und nicht auf das, was es für die Umsetzung deiner Idee auch noch braucht und dich gar nicht interessiert oder abschreckt. Ein Grund, etwas nicht anzupacken, lässt sich immer finden. Lass dich davon nicht entmutigen und gehe den ersten Schritt – es ist der erste Schritt weg von der dummen hin zur erfüllten Arbeit.

Wenn du eine Idee hast, die deinen Interessen und Fähigkeiten entspricht, ist die nächste entscheidende Frage, ob sie auch zu deinem Unternehmen passt. Um das herauszufinden, ist es hilfreich, wenn du die Perspektive wechselst und dich – unabhängig von dir und deinen Vorlieben – einmal in die Rolle des Unternehmers oder eines Managers deiner Firma versetzt.

Das übergeordnete Ziel eines jedes Unternehmens ist es, neben dem laufenden Kerngeschäft neue Wachstumspotenziale zu entdecken, mit neuen Ideen Umsätze und Gewinne zu erzielen. Damit meine ich nicht, existierende Produktions- und Lieferketten zu optimieren oder Prozesse effizienter zu machen. Dadurch kann man zwar in gewissem Maße Gewinne steigern, aber nicht wirklich wachsen. Echtes Wachstum kann auf verschiedene Weise entstehen – zum Beispiel, indem das Unternehmen neue Produkte oder Services für bereits existierende Kunden entwickelt – oder auch für ganz neue Kunden. Oder indem es andere und deutlich bessere Lösungen für Kundenprobleme findet, als es sie derzeit gibt – entweder für eigene Kunden oder für solche, die im Moment die Konkurrenz bedient. Es kann aber auch bedeuten, neue Märkte zu erschließen, etwa in Regionen, in denen das Unternehmen momentan noch nicht präsent ist, oder durch neue Vertriebsmodelle.

Willst du ein unternehmerisches Projekt in deiner Firma anstoßen, geht es genau darum: um Wachstum. Es geht nicht allein darum, dass die Umsetzung deiner Idee dich persönlich erfüllt und dir Spaß macht; es muss auch der Firma einen Mehrwert bringen. Deine Idee muss das leisten können.

Außerdem muss deine Idee konzeptionell zum Unternehmen passen. Die Richtung ist also ein Stück weit vorgegeben – auch breite Straßen haben Leitplanken. Du bist als Intrapreneur nicht so frei wie bei der Gründung eines 4-Stunden-Startups, wo du aus einem Hobby eine Geschäftsidee machen kannst. Willst du unbedingt etwas komplett anderes machen als dein Unternehmen, dann gründe ein 4-Stunden-Startup, das nichts mit der Firma zu tun hat. Das ist legitim und völlig okay. Es ist aber sinnlos, auf Teufel komm raus deinen Chefs etwas anzubieten, das so weit von der eigentlichen Geschäftstätigkeit weg ist, dass es sie gar nicht interessiert. Davon haben weder deine Firma noch du etwas. Es besteht sogar die Gefahr, dass du dich unglaubwürdig machst.

Doch sei unbesorgt: Es ist gar nicht so schwer herauszufinden, ob deine Idee zu deinem Unternehmen passt. Nehmen wir an, es gibt bereits ein Intrapreneurship-Programm oder ein Zentrum für interne Startups in deinem Unternehmen. Dann ist die Sache schon relativ klar: Es gibt eine übergeordnete Zielsetzung, was das Programm für das Unternehmen leisten soll, und an der kannst du dich orientieren. Es gibt Leitplanken, die die Bandbreite der Möglichkeiten für neue Ideen vorgeben. Dabei kann es konkret um Produkt-Innovationen gehen, um digitale Geschäftsmodelle oder um fest umrissene neue Zielgruppen.

Zum Beispiel ging es beim großen »Cognitive Build«-Programm von IBM neben dem Austesten von neuen Formen der Zusammenarbeit darum, selbstlernende Apps zu entwickeln, die menschliche Denkprozesse abbilden können – Künstliche Intelligenz als nächster Schritt in der digitalen Revolution. Jede Idee, die das berücksichtigte, war zugelassen, andere aber eben nicht, jedenfalls nicht in diesem Programm. In Großunternehmen gibt es häufig auch mehrere Programme mit unterschiedlichen Rahmenbedingungen – interne Startups mit eindeutigen Zielen und Intrapreneurship-Programme mit 20-Prozent-Regel, die offener sind. So hält es etwa die Deutsche Bahn: Die DB-Tochter Digital Ventures investiert 100 Millionen Euro in ihre Innovationsplattform »Beyond1435« (»Jenseits von 1435«). 1435 bezeichnet dabei die Standard-Spurbreite für Eisenbahnschienen. In einem Accelerator fördert und beteiligt sich die Deutsche Bahn zusammen mit Partnerfirmen wie Bombardier, Plug and Play, Siemens, der Schweizer Bahn, dem Entsorger ALBA oder der TUI-Gruppe an externen Startups, um Innovationen ins Haus zu bekommen. Gleichzeitig gibt es bei Beyond1435 das bereits erwähnte Intrapreneurship-Programm, das allen 320.000 Bahn-Mitarbeitern offensteht. Dort sollen aus den Ideen von Mitarbeitern neue Geschäftsmodelle entwickelt werden. Das mehrstufige Programm nutzt Startup-Thinking-Methoden, wie sie in diesem Kapitel vorgestellt werden.

Bei Beyond1435 gibt es klare Leitplanken: Es sollen neue Wachstumsmöglichkeiten jenseits – »beyond« – des klassischen Bahngeschäfts auf der Schiene erschlossen werden, die aber alle mit den Themen Mobilität und Logistik zu tun haben müssen. Neben diesen inhaltlichen Vorgaben gibt es auch geschäftliche: Bei Beyond1435 geht es um das große Business. Im Idealfall soll hier das nächste Einhorn entstehen – ein Startup, dessen Marktbewertung irgendwann eine Milliarde US-Dollar übersteigt.

Ein paar Nummern kleiner hat die Bahn-Tochter DB Systel ihr Programm aufgestellt. Dort gibt es ebenfalls ein Intrapreneurship-Programm – den Skydeck Accelerator, dessen Ziel aber neue digitale Lösungsangebote und Erweiterungen des IT- und Service-Portfolios sind – denn das ist das Kerngeschäft der DB Systel. Dass bei der Bahn »ein paar Nummern kleiner« immer noch eine Menge ist, zeigen die Zahlen, die mir Matthias Patz, Vice President Innovation & New Ventures bei DB Systel, in einem Gespräch genannt hat: »Durch das Intrapreneurship-Programm ist unter anderem ein Data-Analytics-Team entstanden, das binnen zwei Jahren von vier auf 90 Mitarbeiter angewachsen ist. Der Jahresumsatz lag zum Zeitpunkt des Interviews bei rund neun Millionen Euro – Tendenz steigend. Auch andere unserer internen Startups wachsen ziemlich schnell. Verglichen mit dem Umsatz von 950 Millionen Euro allein bei der DB Systel ist das natürlich noch keine *Cash Cow*, aber stetig wachsend und mit viel größerem Potenzial.«

Bei solchen institutionalisierten Initiativen ist also relativ klar definiert, in welche Richtung die Ideen der Mitarbeiter sich bewegen sollen. Gibt es kein institutionalisiertes Programm, ist der Möglichkeitsraum für neue Ideen zwar größer, aber auch nicht komplett offen. Ein paar Fragen helfen dir dabei abzuklopfen, ob eine Idee zu deinem Unternehmen passt. Die wichtigste lautet:

- Verfügt das Unternehmen über die Kompetenzen, aus der Idee ein erfolgreiches Geschäftsmodell zu entwickeln?

Anders ausgedrückt: Hat es überhaupt einen Startvorteil gegenüber einem normalen Startup, wenn es die Idee umsetzt? Das ist wichtig!

Daraus leiten sich weitere Fragen ab, zum Beispiel:

- Ist das Unternehmen so aufgestellt, dass es die Idee überhaupt umsetzen kann? Kann es dafür bestehende Strukturen nutzen?
- Verschaffen die bestehenden Produktionsanlagen dem Unternehmen bereits einen Vorteil?
- Ist im Unternehmen das Know-how für das neue Geschäftsmodell oder die Innovation in besonderem Maße vorhanden? Sind die Mitarbeiter entsprechend qualifiziert?
- Verfügt das Unternehmen über eine ausreichende Kapitalausstattung?
- Gibt es Schnittmengen mit bestehenden Kunden?
- Existieren die nötigen Vertriebsstrukturen?
- Gibt es einen gemeinsamen Markenkern, also: spiegelt die neue Idee die Werte des Unternehmens wider?

Zur Veranschaulichung dieser Überlegungen stell dir ein Technologie-Unternehmen vor. Seine Stärke ist seine technologische Kompetenz. Die Idee für, sagen wir, neuartige Erdbeer-Bonbons, wird nicht von einem Technologie-Unternehmen umgesetzt werden, selbst wenn diese Bonbons ganz besonders sind und ein garantierter Bestseller werden könnten. Die Idee ist einfach viel zu weit weg vom normalen Geschäft. Das Unternehmen hätte keinerlei Vorteile gegenüber einem Startup und schon gar nicht gegenüber einem etablierten Süßwaren-Produzenten, wenn er die Drops auf den Markt bringt. Weder verfügt es über das Know-how noch über die Vertriebskanäle, die dafür gebraucht werden. Die Kundenbedürfnisse, die den beiden Geschäftsmodellen zugrunde liegen, haben nichts miteinander zu tun. Im Gegenteil: Das Kerngeschäft würde wahrscheinlich darunter leiden, wenn die Technologie-Firma plötzlich Süßwaren verkauft. Werte und Markenkern sind komplett unterschiedlich. Darüber kann man sich in stark ausdifferenzierten Märkten, wie wir sie heute vorfinden, nicht einfach so hinwegsetzen.

Darüber hinaus hat jedes etablierte Unternehmen eine über die Jahre gewachsene DNA entwickelt. Damit meine ich, wie die Menschen im Unternehmen ticken; ob sie zum Beispiel Entscheidungen sachlich oder intuitiv treffen. Diese DNA wird zunächst maßgeblich von den Gründern bestimmt. Sind die Gründer »Techies«, wird die Firma eher auf Zahlen, Daten und Algorithmen vertrauen. Sind es Menschen mit hohen sozialen Kompetenzen, werden Entscheidungen anders getroffen. Und auch deine Ideen werden in Unternehmen mit unterschiedlicher DNA jeweils anders wahrgenommen. Es müssen freilich nicht alle der eben genannten Bedingungen gleichzeitig zutreffen, damit eine neue Idee zu einem Unternehmen passt. So abwegig das Beispiel mit den Bonbons zu sein scheint, können vermeintlich unpassende Produkte doch irgendwann in den Fokus geraten. Manchmal reicht ein einziger, aber entscheidender Anknüpfungspunkt. Bei den MondayMakers ist das zum Beispiel die Kompetenz des Mutterunternehmens von

Rundstedt und Partner in Sachen Karriereberatung. Bei den selbstfahrenden Autos von Google und den anderen jungen »Automarken« gibt es aufgrund des durch die Digitalisierung hervorgerufenen technologischen Wandels mittlerweile einen zentralen Berührungspunkt mit deren DNA: die technologische Kompetenz.

Automobile sind heute eben nicht mehr zwingend über Verbrennungsmotoren definiert. Selbstfahrende Autos sind digital vernetzt, finden durch Ortungsverfahren ihren Weg (Anknüpfungspunkt: Google Maps), lernen Fahrverhalten mithilfe von intelligenten Kameras (Anknüpfungspunkt: Google Glass) und Algorithmen (Anknüpfungspunkt: Google-Suchmaschine). Sie bauen also auf genau den Dingen auf, die Google am besten kann; die nötige Technologie entspricht Googles Kernkompetenz – im Gegensatz zu jener der klassischen Autobauer. Vor zehn Jahren haben sich Manager in deutschen Automobilkonzernen noch totgelacht: Ein Newcomer wie Tesla will Autos bauen? Ohne die langjährige Erfahrung im Maschinenbau, die beispielsweise Volkswagen oder Daimler haben? Das kann nichts werden, wägte man sich in Sicherheit. Heute bauen Google, Apple, Tesla und andere Technologieunternehmen munter Autos und beeinflussen damit die ganze Branche: Autos als »Smartphones auf Rädern« zu bezeichnen wäre vor fünf Jahren undenkbar gewesen. Heute geht der Begriff den Vorständen bei Daimler oder VW in Interviews regelmäßig locker über die Lippen. Ein anderes Beispiel: Vor wenigen Monaten ist die neue A-Klasse von Daimler herausgekommen. Das Besondere daran? »Nicht mehr Motoren oder Fahrwerksabstimmungen definieren den Fortschritt in einem Mercedes, sondern die Software«, wie *Spiegel Online* staunend feststellte.

Ich hoffe, du hast eine Idee davon bekommen, wann und warum eine Idee zu einem Unternehmen passt – selbst wenn es auf den ersten Blick nicht immer so scheint. Sie muss einen Berührungspunkt mit den Kompetenzen des Unternehmens haben und ihm ein Wachstum ermöglichen. Behalte das im Hinterkopf, wenn du über Möglichkeiten nachdenkst, in deinem Unternehmen etwas Neues anzukurbeln, oder wenn du überlegst, mit welchen Ideen du deinen Job interessanter machen willst. Wenn du gute Argumente hast, warum eine Idee passt, dann wird sie auch dein Chef verstehen.

Die Probleme und Bedürfnisse von Kunden in der Welt draußen

Wenn deine Idee deinen Interessen und Fähigkeiten entspricht und sie kompatibel mit den Zielen deines Unternehmens ist, sind zwei wichtige Voraussetzungen erfüllt, damit ihr sie gemeinsam umsetzen könnt. Es kommt aber noch ein dritter Faktor hinzu, und der ist noch wichtiger als die beiden ersten: Die Idee muss eine Antwort auf ein Problem in der Welt draußen geben und Bedürfnisse von Kunden oder potenziellen Kunden befriedigen. Sonst bleibt dein unternehmerisches Handeln brotlose Kunst und bringt weder dich noch deinen Arbeitgeber weiter.

Dieser Punkt ist eigentlich total offensichtlich. *Eigentlich.* Natürlich muss es für eine Geschäftsidee Kunden geben, damit sie sich durchsetzt. Aber der Ansatz, den viele etablierte Unternehmen und auch viele Startups dabei verfolgen, setzt mehr auf den Faktor Zufall, als dass er die tatsächlichen Probleme und Bedürfnisse der Menschen in den Mittelpunkt rückt. Ich möchte dich wirklich eindringlich davor warnen, diesen Punkt zu unterschätzen. Viele Gründer und Manager beschäftigen sich mit dieser »Banalität« nicht gründlich genug – und scheitern am Ende genau daran.

Der allgemein akzeptierte Weg war jahrzehntelang folgender: Die Leute in den Unternehmen lassen sich etwas einfallen, von dem sie *glauben*, dass die Kunden es haben möchten und kaufen. Dieser Ansatz funktioniert, aber noch viel häufiger funktioniert er nicht. Wie viele neue Produkte werden täglich auf den Markt geworfen und scheitern, weil es gar keine Kunden dafür gibt oder weil die Kunden die Produkte aus irgendeinem Grund nicht wollen? Es sind sehr, sehr viele. Der Grund für das Scheitern all dieser wahrscheinlich perfekt geplanten und hergestellten neuen Produkte ist meist derselbe: Wenn auf diese althergebrachte Weise Ideen entstehen, stehen nicht der Kunde und seine Probleme und Bedürfnisse im Mittelpunkt, sondern das eigene Unternehmen.

Die Ausgangsfrage lautet mehr oder weniger: »Was machen wir bereits, und was könnten wir noch machen, das so ähnlich ist?« Es ist der berühmte »nächste Schritt«, den Markus Ziegler von Pakadoo erwähnte, und den du bestimmt auch aus deinem Unternehmen kennst. Ideen für die Produkte oder Services kommen dann vielleicht aus der Verkaufsabteilung: »Dies hat funktioniert, dann lass uns mal das machen, das verkaufe ich denen auch noch.« Oder sie kommen aus der Abteilung Forschung und Entwicklung: »Wahnsinn: Ich habe eine Idee für ein Produkt, das gibt es noch nicht auf der ganzen Welt. Es ist einzigartig. Und dabei habe ich noch einen Weg gefunden, wie wir es ganz elegant gebaut bekommen.« Oder ein Produktmanager gibt einen Tipp: »Hör mal, die Konkurrenz bietet da etwas an, das in unserem Angebot noch fehlt. Das würde unser Portfolio wunderbar ergänzen.« Zusammengefasst: Es wird ein »großartiges« Produkt erfunden, für das »nur noch ein bisschen Marketing« gemacht werden muss. Klingt plausibel, funktioniert nur leider nicht.

Denn was passiert dann? Irgendjemand schreibt einen 200-seitigen Businessplan mit Umsatzplanungen für die nächsten 15 Jahre – immerhin brauchen wir ja Planungssicherheit –, und die Unternehmensspitze beschließt daraufhin, in das neue

Produkt zu investieren. Es wird designt, Rohprodukte und Materialien werden eingekauft, die Prozesskette wird etabliert, die Herstellung optimiert, eine große Marketingkampagne ausgearbeitet, und, und, und ...

Zwei Jahre und sehr viel Geld später kommt der Release – und man stellt völlig überrascht fest, dass sich das Produkt nicht verkauft. Niemand weiß, warum, und so wird wild über die Gründe spekuliert: »Der Vertrieb setzt ja nur auf die etablierten Produkte«, »Das Marketing ging komplett am Kunden vorbei«, »Die ganze Entwicklung hat viel zu lange gedauert«. Jede Abteilung beschuldigt eine andere, für den Misserfolg verantwortlich zu sein. Und wenn das alles nicht reicht, um den Rohrkrepierer zu begründen, kommt der dümmste aller Erklärungsversuche ins Spiel: Der Kunde ist schuld. »Ich verstehe es nicht: Warum erkennen die Kunden bloß nicht, dass unser neues Produkt wirklich gut ist?« Wahrscheinlich hast du solche Aussagen auch schon einmal gehört – oder hast es heimlich selbst gedacht.

So »normal« und »erfolgversprechend« der ganze Prozess erscheint, ist er doch von Beginn an von einem gigantischen Denkfehler durchzogen: Nicht die Probleme der Kunden standen konsequent von Anfang an im Mittelpunkt, sondern eben das eigene Unternehmen – seine Stärken, Interessen und Fähigkeiten. Eine so entstandene Idee kann toll sein; das resultierende Produkt einzigartig oder technisch besser als das der Konkurrenz, es kann den Markenkern repräsentieren und auch noch unglaublich elegant designt sein. Nur, wenn es kein Kundenproblem löst, dann gibt es auch keine Kunden. Es gibt dafür schlichtweg keinen Markt. Man ging einfach die ganze Zeit davon aus, dass man die Kunden schon irgendwie erreichen würde. Diese Annahme ist irgendwo entstanden und wurde im Unternehmen mit der Zeit zu einem wie in Stein gemeißelten Fakt. Sie wurde nie hinterfragt. Und vor allem wurden nie potenzielle Kunden dazu befragt. Annahmen wie »So etwas gibt es noch nicht«, »Die Konkurrenz verkauft so etwas Ähnliches« oder »Das passt zu unserem Portfolio« genügten, um eine ganze Maschinerie in Gang zu setzen und am Ende viel Zeit, Geld, Arbeitskraft und Engagement für eine Idee aufzuwenden, die eigentlich von Anfang an nur für die Tonne gut war.

Ich weiß, ich weiß: Das Ganze ist in der Theorie fast banal. Doch in der Praxis passiert das ständig! Selbst erfolgreiche Gründer, die es eigentlich wissen müssten, vergessen manchmal, wie das Kundenproblem eigentlich lautet, und verrennen sich in eine Idee. Sogar Amazon-Chef Jeff Bezos ist das schon passiert. Sein Online-Shop, der E-Reader Kindle oder Amazon Prime sind viel zitierte Beispiele dafür, wie Nutzerprobleme perfekt gelöst wurden. Ganz anders lief es dagegen beim ersten Smartphone von Amazon, dem Fire Phone, das 2014 auf den Markt kam und ein Riesenflop wurde.

Die Idee, ein eigenes Smartphone zu entwickeln, klingt erst einmal logisch: Amazon-Kunden tätigen ihre Käufe im Shop immer häufiger mit Mobilgeräten. Liefert Amazon auch die Hardware, mit der die Kunden im Shop einkaufen, schafft das Unternehmen eine noch stärkere Verbindung zu seinen Kunden und kontrolliert auf diese Weise die gesamte Wertschöpfungskette. Das Fire Phone sollte das Gerät sein, mit dem die Kunden bei Amazon kaufen, so wie die meisten E-Books direkt mit dem Kindle gekauft werden.

Aber Bezos hatte es sich in den Kopf gesetzt, mehr als ein gut funktionierendes Smartphone zu entwickeln. Er wollte einen ganz großen Wurf landen. Bezos war so besessen von seiner Idee, dass er sich immer wieder in die Produktentwicklung einschaltete und immer neue Ansprüche an die Entwickler stellte. Unter anderem sollte das Fire Phone über ein 3-D-Display verfügen – so etwas hatte selbst das iPhone schließlich nicht. Die Umsetzung dieser Ideen brauchte sehr viel Zeit und verschlang noch mehr Geld. Am Ende schafften es die Entwickler, die

3-D-Funktionen ins Fire Phone zu integrieren – indem sie vier Kameras in die Vorderseite des Telefons einbauten.

Im Juni 2014 schließlich stellte Bezos das erste Fire Phone mit 3-D-Display in Seattle vor. Mutmaßlich hoffte er darauf, einen ähnlichen Coup zu landen wie Steve Jobs bei seinen Präsentationen – und einen entsprechenden Run auf das neue Smartphone auszulösen.

Und was geschah? Fast nichts. Das Fire Phone war durch die aufwendige 3-D-Technik preislich im High-End-Segment angesiedelt und für die meisten Amazon-Kunden viel zu teuer. Die Akkulaufzeit war durch den hohen Stromverbrauch viel zu kurz. Vor allem aber brauchte kein Mensch die 3-D-Features des Fire Phone. Die Kunden sahen keinen Sinn darin – sie waren nur gut für ein paar technische Spielereien, die aber keinerlei echten Nutzen schafften. Es war allein Jeff Bezos' fixe Idee gewesen, die 3-D-Technik unbedingt mit allen Mitteln in das Smartphone packen zu müssen.

Niemand verstand, warum Bezos so besessen von einem Feature war, das überhaupt kein Kundenproblem löste – nicht einmal die Entwickler bei Amazon. Als das amerikanische Wirtschaftsmagazin *Fast Company* diese fragte, warum sie das Feature überhaupt entwickelt hatten, lautete ihre Antwort: »Weil Jeff es will.«

Warum Bezos unbedingt seine eigene Idee umsetzen wollte, ohne zu überprüfen, ob er damit überhaupt ein Kundenproblem löst, bleibt Spekulation. Vielleicht wollte er Amazon zu einem »coolen Unternehmen« machen, wie Apple es damals schon war. Vielleicht wollte er endlich als genialer Visionär wahrgenommen werden wie Steve Jobs. Das erscheint mir am wahrscheinlichsten, denn diese Denkweise hat eine lange Tradition. Wenn wir Geschichten von erfolgreichen Produkten oder Dienstleistungen hören, steht meist »der geniale Erfinder« im Mittelpunkt, der eine Idee hat, für die sie dann einen Markt finden. In solchen Storys gründet der geniale Erfinder dann eine Firma und wird zum Entrepreneur.

Wenn man sich die Geschichten aber genauer anschaut, dann haben die genialen Erfinder nicht einfach nur einen Geistesblitz gehabt und sich einen Markt dafür geschaffen. Der Markt hat sich auch nicht wie von Zauberhand einfach aufgetan. Die Entrepreneure haben mit ihrer Idee – bewusst oder unbewusst – ein Problem gelöst und ein Bedürfnis erfüllt.

Nehmen wir einmal Henry Ford. Dessen berühmtester Satz wurde oft missverstanden: »Wenn ich die Menschen gefragt hätte, was sie wollen, hätten sie gesagt, schnellere Pferde.« Daraus haben dann viele abgeleitet, der Kunde kenne seine Bedürfnisse und Probleme nicht. Allerdings hat der Kunde mit der Aussage »schnellere Pferde« sehr klar ein Problem geäußert: Pferdekutschen sind zu langsam. Was dafür allerdings die Lösung ist, weiß der Kunde nicht. Die salopp formulierte Äußerung »schnellere Pferde« ist einfach linear von der bestehenden Lösung weitergedacht. Henry Ford hat einen anderen Weg gewählt und das Geschäftsmodell der Pferdekutsche dadurch »disrupiert«. Genau das ist die Aufgabe von Unternehmern, und heute insbesondere von Innovationsteams: eine Lösung zu finden. Aber der Kunde kennt seine Bedürfnisse und Probleme häufig eben doch sehr gut. Genau das meinte auch Steve Jobs mit seinem Spruch: »Meistens wissen die Leute nicht, was sie wollen, bis man es ihnen zeigt.« Er hat damit nicht gemeint, dass er als genialer Geist einen viel besseren Riecher hatte als der Rest der Welt. Sondern dass er Lösungen für Bedürfnisse gefunden hat, die existierten, ohne dass die Menschen die Lösung vor Augen gehabt hätten. Vielleicht hat Jeff Bezos da etwas missverstanden.

Beim Startup-Thinking-Ansatz entstehen neue Produkte und Dienstleistungen genau anders herum als auf die traditionelle Weise. Der Ausgangspunkt ist nicht eine Idee eines Einzelnen, sondern das Problem von vielen. Es geht darum, wie du eine Idee für die Lösung eines relevanten, drängenden, fundamentalen Problems von Kunden – oder potenziellen Kunden – findest. Im Zentrum steht *immer* das Kundenproblem. Von diesem aus entwickelt sich alles Weitere. Startup-Thinking überlässt die Frage nicht dem Zufall, ob Produkte ein Problem lösen, damit Nutzen schaffen und gekauft werden.

Mithilfe der nachfolgend vorgestellten Methoden wirst du in die Lage versetzt, in jedem Stadium der Entwicklung eines neuen Produkts genau zu überprüfen, ob du auf dem richtigen Weg bist, oder ob du in eine Sackgasse läufst. Das spart dir und deiner Firma viel Zeit, Energie und Geld. Der Startup-Thinking-Ansatz ist daher nicht nur für Neugründungen geeignet, wie es der Name vermuten lässt; er ist auch ein ideales Tool, um unternehmerische Projekte als Angestellter in einem Unternehmen zu planen und durchzuführen. Packen wir's an.

Mit Startup-Thinking von der guten Idee zum erfolgreichen Projekt

Startup-Thinking ist eine strukturierte Denkweise, die dir ganz klar und ganz praktisch zeigt, ob eine Idee wirklich gut ist. Ursprünglich kommt dieser Ansatz aus der Welt der kapitalintensiven technologiegetriebenen Startups, die damit sicherstellen wollen, dass ihre Produkte wirklich Probleme lösen und Käufer finden. Mit Startup-Thinking kann man eine Idee schnell und ohne riesige finanzielle Investitionen auf den Prüfstand stellen und auf jeder Entwicklungsstufe einem Realitätscheck unterziehen.

Ich habe die Grundzüge des Startup-Thinkings bereits in meinem letzten Buch vorgestellt, um den Lesern zu zeigen, wie sie Ideen für ein 4-Stunden-Startup überprüfen. Startup-Thinking kann aber mehr: Genauso wie etablierte Unternehmen heute von Startups lernen, um smart zu werden, kannst du als Angestellter von diesem Ansatz profitieren. Denn ob jemand in einem Startup oder du als Angestellter in einem Unternehmen eine Idee entwickelt, sie prüft und testet – die Methode ist grundsätzlich die gleiche. Allerdings habe ich das Konzept noch einmal für die besondere Situation von Intrapreneuren erweitert. Denn es gibt Unterschiede im Hinblick auf den Möglichkeitsraum von Ideen und deren Umsetzung: Einerseits bist du als Arbeitnehmer in einer Organisation eingebunden und dadurch bei der Entwicklung von Ideen nicht ganz so frei wie jemand, der autonom eine eigene Geschäftsidee verfolgt. Die Frage, ob eine Idee zu deinem Unternehmen passt, ist da nur ein Beispiel für all die Fragen, die sich auf dem Weg stellen. Andererseits kannst du die Infrastruktur deines Unternehmens nutzen, und dadurch eröffnen sich für dich im Konkreten mehr Möglichkeiten bei der Umsetzung. Das wirkt sich auch auf die Größe des Denkraums beim Startup-Thinking aus.

Startup-Thinking ist so etwas wie ein Schnellkurs für unternehmerisches Denken und vor allem Handeln. Damit stellt es eine wichtige Kernkompetenz für die heutige, sich schnell drehende Welt dar – ganz unabhängig davon, ob du in deinem Job nun eine konkrete Idee umsetzen möchtest oder in einem smarten Unternehmen selbstbestimmter, kreativer und weniger dumm arbeiten willst. Der Ansatz ist universell gültig und funktioniert bei allen Arten von Ideen, egal, ob es sich dabei um Produkte oder Dienstleistungen handelt. Ebenso spielt es keine Rolle, ob die potenziellen Kunden Endverbraucher oder Business-Kunden sind. Startup-Thinking funktioniert bei einer Idee für eine Software genauso gut wie bei Erdbeer-Bonbons, bei einem selbstfahrenden Auto oder bei Versicherungsprodukten.

Die Startup-Thinking-Zwiebel

Um den Startup-Thinking-Ansatz im Kern zu verstehen, kannst du ihn dir bildlich vorstellen. Startup-Thinking sieht aus wie eine Zwiebel. Der Kern der Zwiebel ist ein relevantes Problem. Was ein Problem relevant macht und wie du das erkennst, zeige ich dir gleich im Anschluss an diese Übersicht. Um den Kern herum bildet die nächste Zwiebelschale die passende Lösung für das Problem. Die dritte Schale schließlich stellt das unternehmerische Konzept dar, das die Lösung erst zu einem Geschäftsmodell macht. Dazu gehören zum Beispiel Design, Finanzierung, Preispolitik, Vertriebsstrukturen, Marketing und die Art und Weise, wie das Ganze in deinem Unternehmen eingebettet wird.

Das tragfähige Konzept hängt also wesentlich mit der Art der Problemlösung, aber auch mit dem Unternehmen zusammen, das die Lösung als Produkt oder Service an Kunden verkauft. Die ganze Zwiebel entsteht dabei konsequent von innen nach außen: Das Problem führt zur Lösung. Die Lösung führt wiederum zum passenden unternehmerischen Konzept. Damit die so entstehenden Ideen auch in der Praxis in die richtige Richtung gehen und nicht in einer Sackgasse enden, muss jeder Schale der Zwiebel außerdem ein Realitätscheck hinzugefügt werden.

Der erste Realitätscheck zeigt, ob das Problem wirklich relevant ist. Der zweite überprüft, ob die Idee tatsächlich eine Lösung für das Problem bedeutet. Und der dritte Check gibt Hinweise darauf, ob das unternehmerische Konzept auch so tragfähig ist, dass es dem Unternehmen Wachstum ermöglicht.

Um ein Geschäftsmodell systematisch zu entwickeln, musst du Schritt für Schritt vom Zwiebelkern zur äußeren Schale vorgehen, also von innen nach außen: Problem → Realitätscheck

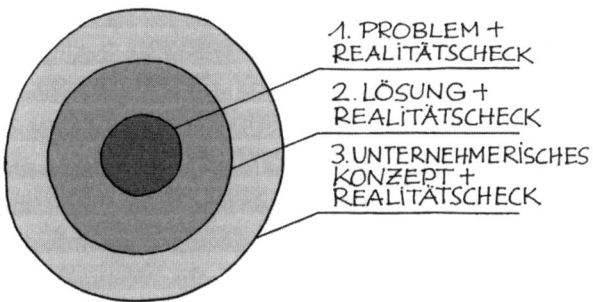

1. PROBLEM +
REALITÄTSCHECK

2. LÖSUNG +
REALITÄTSCHECK

3. UNTERNEHMERISCHES
KONZEPT +
REALITÄTSCHECK

Abbildung 3: Die drei Schalen der Startup-Thinking-Zwiebel

→ Lösung → Realitätscheck → unternehmerisches Konzept →
Realitätscheck.

Gehen wir nun die Schichten der Zwiebel von innen nach
außen im Detail durch.

Erste Zwiebelschale:
ein relevantes Problem aufspüren

Der Kern des Startup-Thinking-Ansatzes ist ein Problem,
dessen Lösung im besten Fall zu einem tragfähigen und pro-
fitablen Geschäftskonzept führt. Klingt vollkommen logisch?
Aufgepasst! Diese Vorgehensweise ist tatsächlich ziemlich gewöhnungsbedürftig, weil sie der gängigen Praxis widerspricht.

Wie wir am Anfang des Kapitels gesehen haben, sind die
meisten Unternehmen sehr schnell dabei, *Lösungen* zu finden.
Sie haben eine »tolle« Idee und setzen implizit voraus, damit

auf ein Problem beim Kunden zu treffen. Jahre und Millioneninvestitionen später stellen sie dann schmerzlich fest, dass das einfach nicht der Fall ist. Die genialen Erfinder haben eine tolle Lösung erdacht, den Kunden dabei jedoch völlig außen vor gelassen. Alex Zirl von der d.velop AG drückte es in unserem Gespräch so aus: »Das Problem des Kunden ist alles. Aus eigener Erfahrung weiß ich: Nichts ist schlimmer, als etwas zu bauen, was keiner oder nur sehr wenige Menschen haben möchten. Dann ist das neue Produkt so eine Art Zombie. Man kann es nicht mehr töten, weil es ja schon gebaut ist, aber es wird auch nicht mehr lebendig, weil es keinen Markt dafür gibt. Besser ist es, problemorientiert, das heißt vom Problem des Kunden aus, vorzugehen.«

Gibt es in deiner Firma auch solche Zombies? Produkte, bei denen bereits zu viel Geld investiert worden ist, zu viele Meetings stattgefunden haben und zu viele Menschen an der Entscheidung beteiligt waren, als dass man einfach sagen könnte: »Das war 'ne blöde Idee, lasst uns sie einstampfen«? Es gibt sie mit Sicherheit, darauf würde ich sogar wetten. Und das Problem ist: Zombies sind verdammt schwer totzukriegen. Insbesondere in großen Organisationen braucht es häufig erst einen massiven Personalwechsel, um den Stecker zu ziehen. Und selbst das reicht häufig nicht. Schau dir nur mal Zombieprojekte wie den Berliner Flughafen BER an. Abreißen wäre vielleicht besser, aber jetzt sind wir doch schon so weit gekommen! So viel Geld investiert, so viele Meetings, so viel Energie. Die Reputation wäre vermeintlich kaputt, wenn man sich eingestehen würde, dass man eigentlich auf der falschen Spur unterwegs ist. Aber wie ist es denn um die Reputation der BER-Macher jetzt bestellt, die ihren Zombie krampfhaft am Leben erhalten? Braucht Berlin einen funktionierenden Flughafen? Ja. Braucht es diesen von Grund auf falsch geplanten, viel zu kleinen, dysfunktionalen Flughafen? Sicher nicht. Die Lösung geht am Problem vorbei.

Also, bevor du dich mit Anlauf in eine Sackgasse stürzt, mach dir noch mal *wirklich* deutlich, wie wichtig es ist, das Problem in den Vordergrund zu stellen und es *wirklich* gründlich zu durchdenken, bevor du überhaupt auf die Idee kommst, dich mit irgendeiner Lösung zu beschäftigen. Denk an Albert Einstein: Er beschäftigte sich erst 55 Minuten mit dem Problem, bevor er schließlich fünf Minuten für dessen Lösung brauchte.

Wann ist ein Problem relevant?

Dir ist wahrscheinlich aufgefallen, wie ich immer wieder betone, dass ein Problem *relevant* sein muss. Aber was meine ich eigentlich genau damit? Was macht ein Problem zu einem relevanten Problem?

Nun, ein Problem kann man ganz unterschiedlich definieren und gewichten. Es gibt kleinere Probleme, die zwar stören, deren Lösung aber keine besonders hohe Priorität hat. Irgendwo hakt es vielleicht ein bisschen, doch man würde nicht alle Gewohnheiten auf den Kopf stellen, um das zu ändern. Der Zustand ist nicht optimal, doch am Ende ist der Leidensdruck nicht hoch genug. Die Lösung wäre *nice to have*, aber man würde dafür nicht mit hohem Energie- und Zeitaufwand alle möglichen Hebel in Bewegung setzen und schon gar nicht viel Geld dafür ausgeben wollen. Das Problem ist einfach nicht wichtig genug.

Ein relevantes Problem dagegen kann man nicht einfach beiseiteschieben und damit leben. Das Problem zu lösen ist nicht nur *nice to have*, es ist regelrecht ein Muss!

Ein Problem kann man mit körperlichen Beschwerden vergleichen. Juckt es ab und zu ein bisschen, kann man damit wahrscheinlich leben. Einen Arzttermin zu vereinbaren und zwei Stunden im Wartezimmer zu sitzen ist vielleicht schon zu viel

Aufwand, wenn es nur alle drei Monate mal juckt. Dann kratzt man sich eben alle drei Monate mal, und es »passt schon«. Erst recht würde man keine Tinktur kaufen, die 200 Euro kostet, um den Juckreiz zu lindern. Eine ganz andere Geschichte wäre es, wenn es dich permanent so heftig jucken würde, dass du keine Nacht mehr schlafen könntest. Ich könnte mir vorstellen, dass du spätestens nach drei Tagen doch über die 200-Euro-Tinktur nachdenken würdest, allerspätestens aber nach zwei Wochen. Und dann mit Sicherheit. Du kannst es auch mit körperlichen Schmerzen vergleichen: Kopfschmerzen einmal im Jahr sind kein Problem; drei Wochen ununterbrochene Migräne schon. Je intensiver der Schmerz, desto größer ist die Bereitschaft, etwas dagegen zu tun. Und je häufiger er auftritt, desto schneller will man etwas daran ändern, egal um welchen Preis.

Genauso ist es mit Problemen: Je größer und drängender das Problem ist, desto relevanter ist es. Je relevanter das Problem ist, desto mehr Anstrengungen unternimmt man, um es zu lösen – und desto eher ist man bereit, für eine Problemlösung Geld auszugeben. Die Bereitschaft steigt mit der Größe des Problems und mit der Häufigkeit, mit der es auftritt.

Warum reite ich auf diesem eigentlich offensichtlichen Punkt, der Relevanz, so herum? Weil zu viele Gründer und Intrapreneure die Relevanz ihrer Ideen überschätzen. Sie verknallen sich in ihre Idee und können – blind vor Verliebtheit – die Finger nicht mehr davon lassen. Das wird das nächste große Ding! Und wenn dieses Stadium der blinden Verliebtheit erst einmal erreicht ist, dann ist es leider zu spät, um die Idee noch mit rationalen Einwänden zu stoppen. Wer sich einmal richtig verknallt hat, ist keiner Ratio mehr zugänglich. Und wenn es sich dann nicht zufällig wirklich um das nächste große Ding handelt, dann ist der Grundstein zum Zombie-Flughafen quasi schon gelegt.

Ob ein Problem relevant ist, wird darüber hinaus noch von

einer zweiten Variablen bestimmt: Es muss auch ausreichend vielen Menschen unter den Nägeln brennen. Wie groß die Anzahl der potenziellen Kunden sein muss, kann unterschiedlich sein: Sie hängt von der Ausrichtung deines Unternehmens, den voraussichtlichen Kosten für Planung, Produktion, Vertrieb und Marketing, dem zu erzielenden Preis und anderen kalkulatorischen Varianten ab. Manche Firmen verdienen gut mit Nischenprodukten für wenige Kunden, andere funktionieren nur über Masse.

Im Extremfall reichen vielleicht auch sehr wenige Kunden, zum Beispiel in der Großindustrie oder im Luxussegment: Für eine Unternehmenssparte wie den Turbinenbau von Siemens reichen vielleicht schon weniger als 100 Kunden, damit die Produktion einer extrem teuren Gasturbine oder eines Kraftwerks rentabel ist. Auch ein Hersteller von Luxusyachten braucht nicht Millionen von Kunden; es reicht, wenn einige wenige eine solche Yacht unbedingt haben wollen und mehrere Hundert Millionen Euro dafür ausgeben.

Anders ist es bei günstigen Konsumgüterproduzenten, die auf Masse setzen. Je geringer der »Return on Invest« – das Verhältnis von Gewinn zu Investitionsvolumen – bei einem Produkt oder einer Dienstleistung ist, desto mehr Menschen müssen ein Problem haben, das sie damit lösen wollen. Bei solchen Überlegungen sind wir wieder bei der Frage, welche Ideen zur Firma passen: Bei Siemens oder General Electric können sie ganz anders aussehen als bei einem Mittelständler, der Konsumprodukte herstellt.

Welche ganz konkreten Möglichkeiten gibt es für dich, um ein relevantes Problem aufzuspüren, für das du mit deinem Unternehmen eine Lösung finden kannst? Da gibt es mehrere Möglichkeiten:

- Das Problem betrifft einen Kunden, mit dem du in Kontakt stehst.
- Es betrifft dich selbst bei deiner Arbeit.
- Es ist ein Problem, das andere in deiner Firma haben.

Auch interne Themen bieten also das Potenzial für ein unternehmerisches Projekt. Ein Problem muss nicht zwingend einem externen Kunden zugeordnet sein, um Wertschöpfung zu generieren und deine Firma erfolgreicher, profitabler oder agiler zu machen, wenn daraus ein Intrapreneurship-Projekt wird.

In den Beispielen, die ich in diesem Buch bislang erzählt habe, erkannten die Protagonisten auf unterschiedliche Weise ein Problem. Lars von Cisco wurde als Service- und Support-Manager auf ein Problem aufmerksam, das sowohl seine Firma als auch seine Kunden betraf: Die Kunden nutzten Geräte von Cisco und hatten dazu einen Service gebucht. Cisco garantierte, dass nicht funktionierende Geräte innerhalb von zwei Stunden ausgetauscht und regelmäßig gewartet werden. Es war aber weder für Cisco noch für die Kunden auf einen Blick ersichtlich, wo sich die Geräte gerade befanden, wann die nächste Wartung anstand und ob Cisco im Extremfall ein defektes Gerät innerhalb der vereinbarten Zeit würde austauschen können. Denn dazu mussten die Depots von Cisco in der Nähe der jeweiligen Kunden mit Ersatzgeräten bestückt sein. Konnte Cisco einen Service-Vertrag nicht einhalten, bereitete das der Firma und Kunden »Schmerzen«. Das Problem war vielleicht kein Dauerzustand, trat aber regelmäßig auf und war groß genug, dass es sich lohnte, eine Lösung dafür zu finden. Genau hier setzte Lars an.

Kris von Pakadoo bekam das Problem an einem Freitagabend zu Hause mit: Seine Frau war genervt von der Paketzustellung. Als Mitarbeiter in einem Logistik-Unternehmen kam er schnell auf eine Lösung, auch wenn diese mit der Tätigkeit seiner Firma auf den ersten Blick gar nichts zu tun hatte. Seine Idee löst ebenfalls gleich mehrere Probleme: Menschen bekommen ihre Pakete sicher und pünktlich zugestellt. Lieferdienste wie DHL, UPS oder Hermes sparen sich Aufwand und Kosten, die bei der Zustellung auf der »letzten Meile« entstehen. Firmen, die den Pakadoo-Service anbieten, machen ihre Mitarbeiter glücklicher. Und als Sahnehäubchen wird auch noch der CO_2-Ausstoß reduziert.

Bei Caterine Schwierz von den MondayMakers kam das Problem quasi von allein auf sie zu. Weil sie bei der Outplacement- und Karriereberatung von Rundstedt und Partner arbeitete, kamen Menschen aus ihrem persönlichen Umfeld immer wieder auf sie zu und baten sie um Hilfe: »Caterine, du bist doch Karriereberaterin, du kennst dich doch aus. Ich bin in meinem aktuellen Job nicht glücklich. Was kann ich tun?« Diese Fragestellung passte perfekt zur Kernkompetenz ihrer Firma.

Wie sehen deine eigenen Erfahrungen aus? Wenn du selbst in Kontakt mit Kunden stehst, sind dir sicher schon Probleme aufgefallen. Zum Beispiel, dass jemand mit einem Produkt oder einem Service unzufrieden ist. Oder dass es Probleme in der Kommunikation oder bei der Zusammenarbeit gibt, die nach einer Lösung rufen. Zwar wird der Kunde dir nicht immer direkt sagen können, was er verbessert haben will. Doch wenn du deine Sensoren ab jetzt dafür scharf stellst, wirst du in Kundengesprächen auch zwischen den Zeilen viele Hinweise erkennen, die dich zu einem Problem führen können. Wenn ein Kunde im zwanglosen Small Talk über »die allgemeine Lage« jammert, kann dies ein versteckter Hinweis auf ein tieferliegendes Problem sein. Frag ihn, wie »die allgemeine Lage« ist, ob sie früher besser war, und was sich ändern müsste, damit die Lage sich wieder bessert.

Selbst wenn du im Backoffice oder in der Produktion arbeitest und keinen direkten Zugang zum Kunden hast, kannst du indirekt von Kundenproblemen erfahren. Zum Beispiel wenn ein Key-Accounter stöhnt, dass ein Kunde abgesprungen ist oder ein Produkt sich nicht mehr verkauft. Warum ist dieser Kunde abgesprungen? Warum läuft das Produkt nicht mehr? Vielleicht kennt der Vertriebler ja den Grund: »Die Auftragsabwicklung ist zu langsam, der Kunde braucht das Produkt kurzfristig am nächsten Tag. Tja, früher war das anders ...« Oder: »Es gibt da einen neuen Wettbewerber, der eine App entwickelt hat, die die Endkunden besser berät als jeder unserer Kundenberater ...« Oder: »Das Geschäft ist quasi tot, für so etwas haben die Kunden heute keine Zeit mehr ...« Und so weiter, und so fort.

Noch leichter ist die Problemfindung meist in Bezug auf interne Schmerzpunkte. Denn was um dich herum passiert, bekommst du sowieso jeden Tag mit. Um deine Firma als Intrapreneur nach vorn zu bringen, liegt hier ein genauso dankbares Betätigungsfeld wie extern, bei den Kunden.

Eigentlich ist es gar nicht so schwer, auf Probleme aufmerksam zu werden, die nach einer Lösung rufen. Meist reicht es dafür aus, sich mit einem Thema zu beschäftigen, bei Gesprächen genau hinzuhören und den gesunden Menschenverstand einzusetzen.

Selbst wenn dich kein Problem aus der Praxis »anspringt«, ist es letztlich auch möglich, ein Problem theoretisch herzuleiten. Das funktioniert sogar, wenn du oder dein Umfeld nicht selbst davon betroffen seid. Vor allem ist das eine Frage der Übung.

Ein gutes Training für dein Problembewusstsein ist zum Beispiel das »Reverse Engineering«. Was du dafür tun musst, ist einfach: Schau dir eine bereits existierende Lösung an, die ein Unternehmen seinen Kunden verkauft. Frage dich, was das dahinterstehende Problem ist und ob es alternative Lösungen gibt. Wie würdest du dasselbe Problem lösen? Lass uns das anhand einiger populärer Unternehmen und ihrer erfolgreichen Lösungen durchspielen.

Warum ist beispielsweise Twitter erfolgreich geworden? Nun, weil es eine Art Mikroblogging im Stil einer SMS möglich machte. Bloggen wollten viele, doch die Hürde dazu war groß. 140 Zeichen sind viel schneller gemacht, als einen ganzen Blogbeitrag zu schreiben. Außerdem ist es technisch viel einfacher, einen Tweet zu schicken, als einen Blog zu veröffentlichen. Zumindest 2006 war das so, als Twitter das Licht der Welt erblickte.

Warum ist Instagram erfolgreich geworden? Weil mit der Filtertechnik einfach jeder tolle Fotos machen konnte. Das war 2012 einfach ein Riesending! So groß, dass Facebook eine Milliarde Dollar in die Hand genommen hat, um Instagram zu kaufen. Damals hatte Instagram nur zwölf Mitarbeiter – und kein Ertragsmodell! Aber sie hatten ein Problem gelöst, das relevant für viele war: in sozialen Medien toll aussehen zu können.

Was ist mit Snapchat? Am Anfang war dieser Dienst für Erwachsene völlig irrelevant, aber für Teenager höchst spannend. Plötzlich konnte man Nachrichten schicken, die sich nach Sekunden selbst zerstörten. Es geht bei Snapchat nicht darum, einen Moment für die Ewigkeit festzuhalten wie bei der traditionellen Fotografie. Es geht darum, Ideen und Emotionen für einen Moment zu zeigen, ohne sich Gedanken machen zu müssen, ob das in Zukunft vielleicht peinlich werden oder sogar dem Ansehen schaden könnte – wie zum Beispiel ein unbedachter Eintrag bei Facebook, der schwer wieder loszuwerden ist. Dem Schwarm sagen, wie verliebt man ist, ohne sich dauerhaft zu blamieren, wenn es zwei Wochen später wieder anders aussieht? Das ging nun. Außerdem waren die Filterfunktionen wirklich revolutionär.

Menschen, die die Pubertät hinter sich haben, mag dieses Problem völlig irrelevant erscheinen. Für Teenager in den Wirrungen der permanenten Selbst- und Lebensfindung war es umso relevanter. Eine steile These? Der Realitätscheck gibt ihr recht: Facebook versuchte gleich mehrfach, Snapchat zu kaufen und bot erst eine, dann drei Milliarden US-Dollar. Beide Angebote wurden abgelehnt. Zu Recht, denn Snapchat wurde bereits 2015 auf 19 Milliarden Dollar beziffert. Anfang 2018 gab es fast 200 Millionen aktive Nutzer – jeden Tag!

Wo wir schon bei scheinbar unerklärlichen Internet-Phänomenen sind: Warum verdienen die sogenannten »Influencer« so viel Geld mit ihrer Präsenz in den sozialen Medien wie Instagram und Snapchat? Wie kann man mit Bildern von Essen und Reisen fünf- und sechsstellige Beträge verdienen? Das ist doch völlig Banane!

Nein, ist es nicht. Denn die Influencer lösen ein Problem! Und deren Kunden sind bereit, dafür zu zahlen: Wenn eine Influencerin ein Video zu einem neuen Lippenstift macht, dann ist das trotz aller Begeisterung für das Produkt eine gekaufte Werbung. Und diese neue Form der Werbung löst ein großes Problem vieler Unternehmen. Die haben nämlich keine Ahnung, wie sie die Zielgruppe der unter 25-jährigen, mit digitalen Medien aufgewachsenen jungen Menschen erreichen sollen. Die springen auf die klassischen Formen von Werbung nicht mehr so an, wie die Unternehmen das gern hätten. Die meisten Menschen über 25 können mit Influencern nicht viel anfangen. Doch für die Unternehmen, die nach Schnittpunkten zu einer wichtigen neuen Käufergruppe suchen, sind diese Menschen Werbeträger und Werbekanal in einem. Bilder von Essen auf Instagram? Auf den ersten Blick banal, in Wahrheit aber für eine sehr zahlungskräftige Kundschaft massiv relevant.

Wenn du ein Problem löst, wirst du irgendwann damit Geld verdienen, selbst wenn du am Anfang keinen Businessplan mit Planzahlen für den Umsatz der nächsten zehn Jahre hast. Das klingt erst einmal ungewohnt, ist aber im Silicon Valley völlig normal. So sind Google, Facebook und viele andere an den Start gegangen. Sie haben ein relevantes Problem gelöst und erst viel später daraus Geld gemacht.

Je mehr du über relevante Probleme nachdenkst, desto mehr wirst du finden. Am Anfang ist es vielleicht noch schwierig, doch mit der Zeit wirst du ein Problembewusstsein entwickeln. Mach es dir zunächst nicht unnötig schwer: Erst einmal geht es »nur« darum, ein relevantes Problem zu finden, noch nicht um dessen Lösung. Du musst nicht als Unternehmer geboren oder ein vor Ideen übersprudelnder Innovator sein, um ein Problem zu erkennen.

Startup-Thinking geht von einer pragmatischen Prämisse aus: Unternehmerisches Denken kannst du lernen.

Realitätscheck: Was ist wirklich das Problem – und welche Lösungen gibt es schon?

Nachdem wir nun ausführlich darüber gesprochen haben, dass eine erfolgversprechende unternehmerische Idee immer ein Kundenproblem in den Mittelpunkt stellt, ist es Zeit, dass wir eine Ebene tiefer einsteigen. Denn was in der Theorie sehr einfach klingt und im Kern oft auch ist, erweist sich in der Praxis manchmal doch als ziemlich anspruchsvoll: ein einmal identifiziertes Problem auch präzise zu formulieren und zum Kern des Problems vorzudringen. Dies gilt selbst dann, wenn Kunden ein Problem an dich herantragen. Ich möchte dir gern erklären, woran du dabei scheitern könntest und warum der erste Realitätscheck dabei von entscheidender Bedeutung ist.

Nehmen wir an, du wärst damals an Caterine Schwierz' Stelle gewesen: Bei jeder passenden und unpassenden Gelegenheit hätte dich jemand aus deinem Umfeld angesprochen, der in seinem Job unglücklich ist und von dir als Karriereberaterin Hilfe erwartet. Ist das Problem damit nicht klar umrissen? Und ist es nicht auch sehr »schmerzhaft«? Unglücklich im Job zu sein ist immerhin ein großes Thema. Die Zielgruppe scheint riesig zu sein. Kaum jemand kann schließlich von sich behaupten, rundum glücklich und stressfrei zu arbeiten.

Doch so klar das Problem vor uns zu liegen scheint, desto unklarer ist es in Wirklichkeit. Um zu erkennen, was das eigentliche Problem ist, müssen wir uns die bestehenden Lösungen anschauen und sie bewerten. Und: Wir müssen all die Annahmen, die wir dabei treffen, so bald wie möglich mit unseren potenziellen Kunden gegenchecken. Ganz konkret bedeutet das: Wir müssen mit den Menschen darüber sprechen, ob wir deren Problem auch wirklich richtig verstanden haben. Wir müssen unsere Annahmen dem ersten Realitätscheck unterziehen.

Versetzen wir uns dazu einmal in Caterine Schwierz' Lage, ohne auf die Geschichte der MondayMakers zurückzugreifen. Alle Überlegungen, die ich im Folgenden anstelle, sind fiktiv und nicht den MondayMakers entlehnt. Stell dir vor, du würdest selbst ein Intrapreneurship-Projekt im Bereich Karriereberatung starten und dir diese Gedanken machen.

Eine Annahme über das Problem der Unzufriedenheit im Job könnte sein, dass die Arbeit zu anspruchsvoll ist und daher

Stress aufkommt. Es könnte aber genauso gut das Gegenteil der Fall sein, und Langeweile und Unterforderung sind für den Jobfrust verantwortlich. Oder liegt es vielleicht am Chef? An den Kollegen? Plausibel ist jede dieser Möglichkeiten. Und aus jeder davon würde sich ein anderes Problem und auch eine ganz andere Lösung ergeben. Die Lösung: Geh raus und sprich mit denjenigen, deren Problem du lösen möchtest.

Dabei könnte sich herausstellen, dass viele Menschen gar nicht so genau wissen, woher ihr Jobfrust kommt. Vielleicht ist es eine Mischung aus allem: zu viel Arbeit, nervige Kollegen, schlechte Bezahlung. In einem solchen Gespräch könnte außerdem herauskommen, dass der Entschluss, etwas zu ändern, längst gefallen ist. Die Bezahlung wird immer schlecht sein, die Kollegen kann man nicht ändern, den Chef erst recht nicht. Es könnte sich in diesem Gespräch auch herausstellen, dass die letzte Bewerbung schon Jahre zurückliegt und schlichtweg die Angst vor Veränderung groß ist. Was ist, wenn mich keiner mehr haben will? Was kann ich bei einem Jobwechsel als Gehalt verlangen? Was wäre ein angemessener Karriereschritt?

Das eigentliche Problem ist also nicht die Unzufriedenheit im Job, sondern die Frage, wie man den Job am besten wechselt! Wir sind also von einem sehr diffusen zu einem sehr klaren Problem gelangt. Und das ist der Moment, in dem es spannend wird. Denn nun gelangen wir eine Ebene tiefer. Wir können uns mit den bestehenden Lösungen beschäftigen.

Schauen wir uns einmal einen Ausschnitt des aktuell existierenden Lösungsraums an:

- ein Buch, genauer: ein Karriereratgeber, der den Leser inspiriert und ihm den Weg weist, wie er selbst seine Situation verbessert
- ein Vortrag, der dazu motiviert, das Hamsterrad zu verlassen

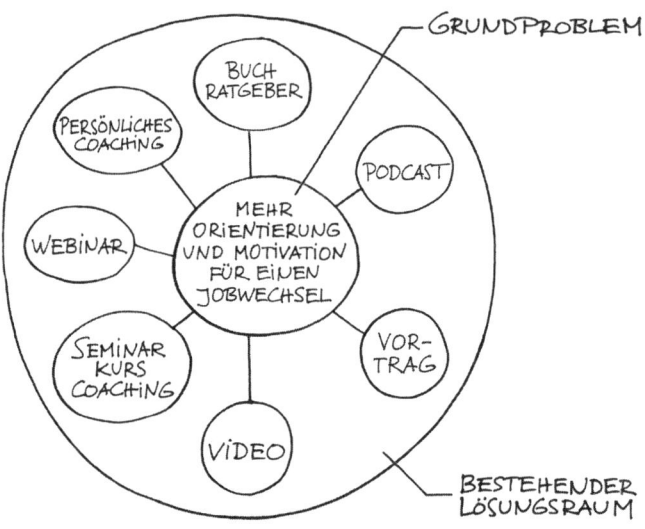

Abbildung 4: Das Grundproblem und der bestehende Lösungsraum

- ein Podcast, Blog oder YouTube-Kanal von jemandem, der das Hamsterrad verlassen hat und erklärt, wie er und andere es gemacht haben
- ein Kurs, ein Seminar oder eine Trainingsmaßnahme mit mehreren Teilnehmern
- ein Webinar zu diesem Thema
- ein persönliches Coaching

Es ist wichtig, sich diesen bestehenden Lösungsraum genau anzuschauen, um herauszufinden, ob die Angebote das Problem der Betroffenen bereits lösen können – und wenn ja, wie gut ihnen das gelingt. Falls eine oder mehrere Lösungen bereits perfekt dazu geeignet sind, den »Schmerz« des Kunden zu lindern, dann braucht es wahrscheinlich auch kein neues Produkt. Nur wenn dies nicht der Fall ist oder wenn es eine deutlich bessere neue Lösung gibt, hat diese auch ihre Berechtigung.

Um die existierenden Lösungen zu beurteilen, steht also wieder der Kunde im Mittelpunkt:

- Welche der Lösungen bietet den Betroffenen einen Nutzen?
- Wie groß ist dieser Nutzen?
- Wie sehr verbessert sie die Problemlösung im Vergleich zum Status quo?

Um herauszufinden, welche der Lösungen potenzielle Kunden bevorzugen, braucht es wieder keine komplizierte Methode. Es ist ganz einfach: rausgehen und fragen. Würde Caterine einige der Personen, die unglücklich im Job sind, befragen, dann könnten die Antworten zum Beispiel so aussehen:

- »Ein Buch? Gut gemeint, aber ich habe schon 15 Karriereratgeber gelesen. Das war zwar ganz nett, hat mir aber nicht wirklich geholfen, mich zu orientieren und mich zu einem Jobwechsel zu motivieren.«
- »Ein Podcast oder ein Video? Damit hab ich's nicht so. Nur zuhören und zuschauen passt nicht so gut zu mir. Das motiviert mich zwar für den Moment, aber ich will auch Fragen stellen können, die mich beschäftigen. Ich brauche ein persönliches Gespräch. Das kann mir auch ein Vortrag nicht bieten. Danach kommt man an die Referenten ja auch nicht wirklich ran.«
- »Ein Seminar? Hm, nein, ich glaube nicht. Die Angelegenheit ist mir zu intim. Ich möchte nicht, dass andere von meinen Problemen und meinen Gefühlen im Job erfahren.«
- »Persönliches Coaching? Ja, das wäre toll. Aber ich glaube nicht, dass das geht. Eure Firma hat zwar mehrere Standorte, ich wohne aber auf dem platten Land. Ich müsste drei Stunden fahren, das ist viel zu aufwendig. Und vor

allem wird das insgesamt bestimmt zu teuer. Ich kann es mir nicht leisten, für eine Stunde Coaching 200 Euro auszugeben, und dazu kommt noch die teure Anfahrt. Und einen Tag Urlaub müsste ich mir auch noch nehmen ...«

Das alles sind mögliche Antworten, die du im ersten Realitätscheck bekommen könntest. Nehmen wir mal an, dass der Realitätscheck zeigt: Unter den bestehenden Lösungen gibt es einen klaren Favoriten. Das persönliche Coaching wurde mit Abstand von den meisten Befragten als eine gute Lösung genannt. Doch in den Gesprächen hat sich auch gezeigt, dass diese gute Lösung für viele nicht infrage kommt, weil sie einfach zu viel kostet. So können wir das Grundproblem weiter präzisieren und können nun das konkrete Problem formulieren:

»Ich bin unglücklich im Job« → »Ich brauche mehr Orientierung und Motivation für einen Jobwechsel« → »Persönliches Coaching ist zu teuer.«

Im eben geschilderten Beispiel wäre es kein Problem, Leute zu finden, sie zu ihrem Problem zu befragen und dieses zu präzisieren. Schließlich kamen sie von selbst zu dir beziehungsweise zu Caterine, sie mussten nicht erst gefunden werden. Aber was tust du, wenn du dich nicht in einer solch komfortablen Situation befindest? Wen konkret sollst du ansprechen? Wollen diese Leute überhaupt mit dir über ihr Problem sprechen? Wie gehst du auf sie zu? Und darfst du das überhaupt?

Am einfachsten ist es, wenn das Problem die Kunden deines Unternehmens betrifft. Also Menschen, die du kennst oder die du leicht kennenlernen und ansprechen kannst. Kris und Markus von Pakadoo testeten ihre Problemlösung erst im eigenen Unternehmen und dann bei Hewlett Packard. Lars von Cisco fragte zuerst Kunden, die er bei SAP und der Deutschen Bahn betreut hatte. Hast du keinen direkten Kundenkontakt, dann nutze die Kontakte der Vertriebsleute, der Kundenbetreuer, der Verkäufer. Meine Erfahrung zeigt, dass fast alle, die du ansprichst, auch mit dir reden werden.

Wenn du dich am Anfang davor scheuen solltest, Menschen einfach anzusprechen, überleg doch mal: Niemand findet es schlecht, wenn man sich für seine Probleme interessiert, ganz im Gegenteil. Wenn du selbst ein Problem hast, würdest du dann gern mit Menschen reden, die es vielleicht lösen könnten? Eben. Und auch die Vertriebler oder Kundenbetreuer werden sich höchstwahrscheinlich nicht querstellen, wenn ihnen klar ist, dass du ihnen die Kunden nicht »wegnehmen«, sondern deren Problem lösen möchtest. Erzähle ihnen davon, dass du glaubst, auf ein Problem ihrer Kunden gestoßen zu sein. Hole sie mit ins Boot.

Betrifft das Problem nicht die bestehenden Kunden deiner Firma, macht das die Sache allerdings auch nicht viel schwieriger. Gibt es vielleicht in deinem erweiterten Bekanntenkreis Menschen, die dieses Problem haben könnten? Eine andere Möglichkeit ist, die Menschen dort abzuholen, wo sie wahrscheinlich ohnehin anzutreffen sind. Geht es um ein Problem mit technischen Endgeräten, findest du sie wahrscheinlich am Eingang eines Elektronikmarkts. Wer dort einkauft, hat oder hatte bis eben ein Problem, das er mit dem Einkauf lösen möchte. Geht es bei deiner Idee darum, ein Problem mit Lebensmittelverpackungen oder Haltbarkeitsdaten zu lösen, findest du die richtigen Ansprechpartner im Supermarkt. Jeder Zweite schaut erst einmal aufs Haltbarkeitsdatum, und jeder kennt Verpackungsfrust.

Wie du auf die Menschen zugehst, von denen du glaubst, dass sie »dein« Problem haben, bleibt im Prinzip dir überlassen. Sind es Kunden deiner Firma, dann wirst du oder der interne Kontakt ihre Vorlieben diesbezüglich kennen. Ansonsten ist es eher eine praktische Frage. Handelt es sich um potenzielle neue Firmenkunden, ist es sinnvoll, im ersten Schritt einen konkreten Ansprechpartner herauszufinden. Überlege vorher, wer von dem Problem betroffen sein könnte, etwa das Sekretariat, ein Bereichsleiter, der Vertriebschef oder die IT-Abteilung. Du kannst zum Beispiel in der Firma anrufen und nach den Kontaktdaten dieser Person fragen. So kannst du deine Frage persönlich adressieren, und die Chancen auf eine Antwort steigen. Das ist so ähnlich wie bei einer Initiativbewerbung: Du schickst eine Bewerbung nicht »blind« an eine zentrale »info@«-Mailadresse und beginnst dein Anschreiben mit »Sehr geehrte Damen und Herren ...«. Vielmehr versuchst du, den konkreten Ansprechpartner herauszufinden, in diesem Fall die Personalchefin oder den Abteilungsleiter.

Wichtig bei der Anfrage an Menschen, die du noch nicht kennst, ist vor allem eines: Sie dürfen keinesfalls denken, dass du ihnen etwas verkaufen willst oder gerade auf Kaltakquise-Tour bist. Mach ihnen das gleich beim ersten Kontakt sofort klar. Es geht dir erst einmal darum, ein besseres Problemverständnis zu bekommen – mehr nicht.

Ein wichtiger Punkt ist die kritische Masse, die für ein aussagekräftiges Ergebnis nötig ist. Für einen Realitätscheck reicht es nicht, wenn du mit drei Kunden sprichst – selbst wenn dir alle drei sagen, dass sie dieses Problem haben. Man neigt dazu, seine eigene Meinung zu schnell bestätigt zu sehen, vor allem wenn du die Idee für die Problemlösung bereits im Kopf hast und es kaum erwarten kannst, in die Umsetzung einzusteigen. Wenn du strategisch vorgehen willst, rede mindestens mit zehn, besser mit zwanzig oder noch mehr Kunden. Beschäftige dich tatsächlich eingehend damit, welche Probleme sie haben und wie relevant das von dir Entdeckte wirklich für sie ist. Vielleicht kommst du ja zu dem Ergebnis, dass »dein« Problem für die Kunden zwar existiert, aber keine besonders hohe Priorität hat. Welches Problem hat stattdessen Priorität? Kannst du es demnächst zu deinem machen?

Überhaupt ist es wichtig, dass du beim ersten Realitätscheck so viele Informationen wie möglich sammelst. Das hilft dir, die Bedürfnisse der Kunden oder potenziellen Kunden zu verstehen und das Problem klar zu definieren. Außerdem kann sich die Informationssammlung in der Folge als nützlich erweisen – zum Beispiel, wenn du Ideen für die Problemlösung entwickelst und diese dann ebenfalls einem Realitätscheck unterziehst. Denn deine Ansprechpartner beim ersten Realitätscheck sind auch beim zweiten Realitätscheck deine Anlaufpunkte.

Und damit zur nächsten Schale der Startup-Zwiebel: der Lösungsfindung.

Zweite Zwiebelschale: eine gute Lösung

Hast du ein relevantes Problem entdeckt, das dich motiviert und für das es in deinem Unternehmen einen Anknüpfungspunkt gibt – Kompetenz, Kunden, Infrastruktur –, geht es darum, eine passende Lösung zu finden.

Auch bei diesem Schritt ist es wichtig, dass du erst einmal alle vermeintlichen Gewissheiten über Bord wirfst und bei null anfängst. Wenn jemand zu einer Idee sagt, »Cool, das finde ich gut«, dann heißt das noch nicht, dass genügend andere Menschen das genauso sehen. Wenn jemand aus dem Vertrieb sagt, »Wir brauchen ein Produkt X, das verkauft unser Wettbewerber«, dann heißt das nicht, dass es die beste Lösung für ein Kundenproblem sein muss.

Umgekehrt gibt es auch unhinterfragte Annahmen, die eine Idee sofort blockieren – wahrscheinlich sogar noch viel häufiger als jene positiven Annahmen. Wenn zum Beispiel jemand zu deiner neuen Idee sagt: »Oh, das haben die Leute schon vor fünf Jahren probiert, es hat nicht funktioniert« – heißt das, dass es auch jetzt nicht funktionieren kann? Natürlich nicht! Warum soll eine Erkenntnis, die fünf Jahre alt ist, heute immer noch gültig sein? Klar, sie *könnte* immer noch gültig sein. Doch das wirst du nur herausfinden, wenn du sie überprüfst. Wir haben bereits festgestellt, wie schnell die Welt sich in den letzten fünf Jahren weitergedreht hat. Wenn du Annahmen über mögliche Problemlösungen für Kunden aufstellst oder mit ihnen konfrontiert wirst: Nimm nichts als gegeben hin. Hinterfrage alles, und überprüfe deine Annahmen. Gründlich, immer wieder. Das ist eine Botschaft von entscheidender Wichtigkeit, um Startup-Thinking zu verinnerlichen.

Selbst wenn du schon eine Idee für die Lösung eines verifizierten Kundenproblems im Kopf hast, die eigentlich ideal zu sein scheint, gehe noch einmal einen Schritt zurück und erweitere den Ideenraum. Es gibt viele mögliche Arten, ein Problem zu lösen. Die beste Lösung muss nicht naheliegend sein. Stell dir vor, du arbeitest in einem Software-Unternehmen. Denkt man dort über die Lösung für ein Kundenproblem nach, geht es mit ziemlicher Sicherheit um eine neue Software-Lösung. Denn dies würde am besten zur DNA des Unternehmens passen; es wäre schlichtweg das Naheliegendste. Aber vielleicht ist eine solche Lösung gar nicht die beste. Es kann viele andere geben.

Schauen wir uns einmal mögliche Lösungen für das eingegrenzte Problem der Menschen an, die unglücklich im Job sind. Im vorigen Schritt haben wir festgestellt: Um das Problem lösen zu können, würde ihnen ein persönliches Coaching helfen. Das eigentliche Problem lautet: »Persönliches Coaching ist zu teuer.« Die Befragung hat somit gezeigt, dass es zwei Ansatzpunkte gibt, um das persönliche Coaching für die Kunden attraktiver zu machen:

1. Der Preis für das Coaching selbst muss günstiger werden.
2. Der Aufwand, um Kunden und Anbieter zusammenzubringen, muss sinken und mit geringeren Kosten verbunden sein (Anfahrt, Urlaub nehmen).

Um die Kosten zu reduzieren, gibt es eine Vielzahl von denkbaren Lösungen. Schauen wir uns einige davon an:

- Gruppen-Coaching: Zwar hatten einige der Befragten gesagt, dass ihr Problem zu persönlich sei, um darüber auf einem Seminar zu sprechen und sich anderen zu offenbaren. Aber es gibt sicherlich Möglichkeiten, ein Gruppen-Coaching anders zu gestalten, sodass nicht jeder Teilnehmer von den Problemen des anderen erfährt. Das Coaching könnte gesplittet werden: Der allgemeine Teil in der Gruppe, der persönliche Teil in einer Face-to-Face-Beratung nur mit Coach und Coachee.

- Coaches in Ausbildung oder ohne mehrfache Ausbildung: Das marktübliche Honorar eines ausgebildeten Coaches – oft handelt es sich dabei um Psychologinnen oder Berater mit vielen Zusatzqualifikationen – ist sehr hoch. Im Einzelcoaching lässt es sich nicht reduzieren. Um die Kosten zu reduzieren, könnte man Coaches in Ausbildung oder mit geringerer Qualifikation die Beratung übernehmen lassen.

- Video-Coaching: Beim Video-Coaching können die Kosten sowohl für den Anbieter als auch für den Kunden reduziert werden. Es werden keine voll ausgestatteten Büroräume benötigt, die gemietet, verwaltet, gereinigt werden müssen. Es braucht keine Empfangskraft, die zusätzlich Kosten verursacht. Viele Overhead-Kosten – Gemeinkosten, die der allgemeinen Verwaltung zuzurechnen sind – fallen somit weg. Übrig bleiben nur noch das Honorar für den Coach und die Verwaltungskosten für Akquise und Honorarabrechnung. Der Coach kann sich theoretisch von zu Hause aus via Skype oder einer ähnlichen App mit dem Kunden verbinden und ihn auf diese Weise einzeln und persönlich beraten. Der Kunde wiederum spart die Kosten für Anreise und Rückfahrt. Und er muss keinen

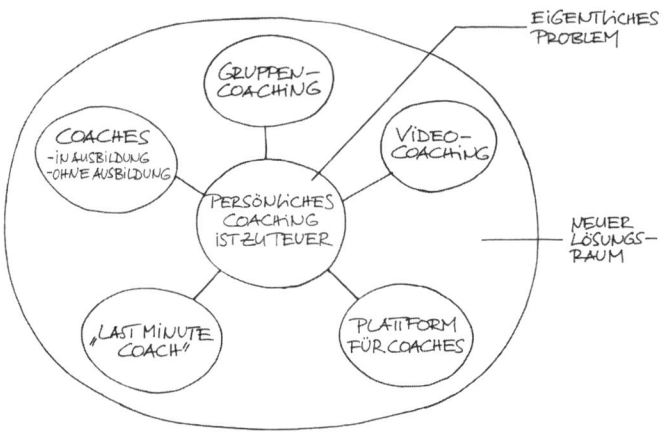

Abbildung 5: *Das eigentliche Problem und neue Ideen für Lösungen*

Urlaub einreichen, weil das Gespräch auch am frühen Morgen, abends oder am Wochenende stattfinden kann. Oder er feiert eine Überstunde ab und nutzt diese Zeit für das Coaching.

- Plattform für Coaches: Nur weil die Kompetenz des Unternehmens in der Karriereberatung liegt, heißt das nicht, dass es beim neuen Geschäftsmodell mit Endkunden auch selbst beraten muss. Die Lösung kann theoretisch auch eine andere sein – zum Beispiel eine Web-Plattform für andere Coaches, die nicht zum Unternehmen gehören. Das Unternehmen nutzt seine Kompetenz und seinen Ruf, um den Coaching-Service zu vermitteln. Die externen Coaches verpflichten sich, die Beratung zu einem für die Kunden angemessenen Preis auszuführen.
- »Last-Minute-Coach«: Sowohl das eigene Coaching als auch die Idee der Vermittlungsplattform lassen sich noch weiterspinnen. Das Angebot kann beispielsweise nach dem Prinzip von Last-Minute-Reisen funktionieren. Der

Service wird billiger, wenn man kurzfristig Zeiten »bucht«, zu denen die Coaches nicht ausgelastet sind. Oder man bietet »Frühbucherrabatte« an, um den potenziellen Kundenkreis größer zu machen. Oder die Dienstleistung wird in Auktionen versteigert wie bei der Handwerker-Vermittlungsplattform MyHammer ... Sicher ließen sich noch mehr Ideen in dieser Richtung entwickeln.

Um auf gute Problemlösungen zu kommen, ist es – wie beim Aufspüren eines Problems – erst einmal wichtig, in alle möglichen Richtungen zu denken und nicht voreingenommen zu sein, nur weil man von vornherein eine Lösung favorisiert. Im Prinzip könnte man alle genannten Ideen, die ein persönliches Coaching zu einem günstigeren Preis versprechen, testen. Aber du erinnerst dich an die zu Beginn des Kapitels genannten drei Faktoren, die zusammenkommen müssen: Die Idee muss deinen Interessen und Fähigkeiten entsprechen, sie muss zu deinem Unternehmen passen, und sie muss ein Problem in der Welt draußen lösen. Versetze dich einmal in die Lage von Caterine, der Karriereberaterin. Aus ihrer Perspektive würden zwar einige der vorgeschlagenen Lösungen das Kundenproblem lösen – sie würden es ermöglichen, ein persönliches Coaching günstiger anzubieten, als das im bestehenden Lösungsraum der Fall ist. Aber sie würden nicht zu den eigenen Interessen oder zum Unternehmen passen.

Eine Vermittlungsplattform für Coaches würde nicht die eigenen Interessen und Fähigkeiten – nämlich selbst Menschen zu coachen – berücksichtigen. Das Unternehmen hätte zwar einen Startvorteil, weil es die Kundenprobleme und Marktgegebenheiten kennt und in der Lage wäre, kompetente Drittanbieter auszuwählen, die sich auf der Plattform präsentieren dürfen. Trotzdem würde die Kernkompetenz des Unternehmens nicht zum Tragen kommen, nämlich *selbst* die bestmögliche Karriereberatung anzubieten. Eine Vermittlung birgt zudem Gefahren für das Mutterunternehmen: Gibt es unzufriedene Kunden – etwa weil die Qualität der externen Beratung doch nicht optimal ist oder weil Termine nicht eingehalten werden –, fällt das auf den Vermittler zurück. Der Ruf des gesamten Unternehmens könnte darunter leiden.

Dasselbe gilt für die Idee mit dem »Last-Minute-Coach«, die zusätzlich noch die Wertigkeit der Serviceleistung untergräbt: »Last Minute« klingt schon verdächtig nach »Billigfluglinie« oder »Resterampe«. Und erst recht kann es sich ein Unternehmen, das auf höchste Qualität setzt, nicht leisten, gering qualifizierte oder sich noch in Ausbildung befindliche Coaches einzusetzen – oder solche, die es zu jedem Preis machen, der bei einer Versteigerung eben abfällt. Wie ernst würden die Kunden diese Beratung wohl nehmen? Dass ein Gruppencoaching von den Kunden angenommen werden würde, ist nach den Aussagen der ersten Befragung – »das Thema ist mir zu intim« – nicht wahrscheinlich. Sie bringt den Kunden sicher nicht den größtmöglichen Nutzen. Daher vernachlässigen wir diese Lösung hier. Stattdessen konzentrieren wir uns auf die Lösung, die das Kundenproblem am besten zu lösen verspricht und auch zum Unternehmen passt: das Video-Coaching.

Beim Video-Coaching sitzen sich Berater und Kunde zwar nicht »leibhaftig« gegenüber, trotzdem ist es persönlich. Dem Coach ermöglicht es, Mimik und Gestik seines Coachees zu verfolgen, Gefühle zu zeigen und zu erkennen, das Gespräch zu lenken und Zwischenfragen zu stellen. Es ist beinahe so persönlich, als säße man sich gegenüber. Der direkte Kontakt zum Kunden, der für Coach und Kunde gleichermaßen wichtig ist, bleibt gewährleistet. Hinzu kommt, dass das Unternehmen seine besondere Stärke voll einbringen kann: »Wir haben die besten Karriereberater.« Das Unternehmen hat außerdem einen Startvorteil gegenüber anderen Unternehmen oder auch

Startups, weil das Unternehmen im Rahmen von Outplacements schon viele Tausend Menschen erfolgreich gecoacht und dadurch einen Ruf erarbeitet hat, mit dem sich arbeiten lässt. Wahrscheinlich verfügt es über eine umfangreiche Kundendatei – die nicht nur aus den beauftragenden Firmenkunden besteht, sondern auch die Menschen umfasst, die tatsächlich beim Outplacement beraten wurden. Die gute Lösung ist also gefunden – in diesem Fall das persönliche Video-Coaching.

Am Ende zählt jedoch auch bei der Lösung die Meinung der Kunden. Deshalb braucht auch die Idee für die Problemlösung einen Realitätscheck.

Realitätscheck: Was braucht der Kunde wirklich?

Erst der Realitätscheck zeigt, ob der entwickelte Lösungsansatz auch wirklich geeignet ist, um die Kundenbedürfnisse zu befriedigen und das Problem zu lösen. Dabei können sich – ähnlich wie beim Realitätscheck des Problems – wieder neue Probleme oder anders gelagerte Fragestellungen ergeben.

- Verstehen die Befragten überhaupt die angebotene neue Lösung?
- Sehen sie darin einen Nutzen für sich?
- Wie groß ist dieser Nutzen?
- Wie sehr verbessert der neue Ansatz die Problemlösung im Vergleich zum Status quo?
- Um wie viel ist deine Lösung besser als die alte Lösung?
- Lohnt es sich für den potenziellen Kunden, eine andere Lösung für die neue aufzugeben?

Versetze dich in die Lage des Kunden und stelle dir vor, die neue Lösung bringt nur marginale Vorteile – würdest du eine andere Lösung dafür aufgeben? Eine neue Lösung zu wählen bedeutet immer auch eine Umgewöhnung. Bei B2B-Kunden ist das zum Beispiel Zeit und Geld für die Implementierung, Schulungen für Mitarbeiter, Änderungen in der Verwaltung, vielleicht auch eine Änderung bei der Wartung des Equipments. Ein Aspekt, der ebenfalls nicht unterschätzt werden sollte, ist die natürliche Scheu vor Veränderungen: Der potenzielle Kunde weiß genau, wie die jetzige Lösung funktioniert. Deine kennt er noch nicht. Ist er bereit, das Risiko einzugehen und sich umzustellen, wenn der Vorteil nur marginal ist und die Lösung vielleicht nur ein oder fünf Prozent besser?

Die Grundfrage beim zweiten Realitätscheck lautet zusammengefasst: Nehmen die potenziellen Kunden die Lösung tatsächlich an? Um das herauszufinden, kannst du zunächst deine warmen Kontakte aktivieren. Das bedeutet: Du kannst dieselben Menschen befragen wie beim ersten Realitätscheck: Kunden deiner Firma, die du zum Problem befragt hast. Leute aus deinem erweiterten Bekanntenkreis. Menschen, die du auf der Straße befragt hattest. Natürlich kannst du dennoch zusätzlich ganz neue Personen befragen, die dasselbe Problem umtreibt.

Minimum Viable Product: Show, don't tell

Die Befragung kannst du damit einleiten, dass du ihnen von deiner Lösungsidee erzählst – mündlich oder schriftlich. Am besten ist es jedoch, den Menschen, für welche die Lösung gedacht ist, eben diese wirklich zu zeigen – zum Beispiel mithilfe von Bildern, Skizzen, einem Modell aus Legosteinen oder aus dem 3-D-Drucker. Wenn es irgendwie geht, bau einen Prototyp, der anschaulich zeigt, wie die Problemlösung konkret aussieht. Dabei kannst du ruhig kreativ sein. Zeigen ist immer besser, als davon zu erzählen – »show, don't tell«.

Diese Art von Realitätscheck ist mit Abstand die beste, denn dabei schließt du aus, dass du durch eine bestimmte Art der Fragestellung oder mithilfe von rhetorischen Kniffen vielleicht auch unbewusst die Befragung in eine bestimmte Richtung lenkst. Man neigt dazu, beim Realitätscheck die rosarote Brille aufzusetzen, Zustimmung zu provozieren und vor allem die positiven Reaktionen zu sehen. Denn man wünscht der eigenen Idee oder dem Projekt, für das man gerade arbeitet, natürlich nur das Beste. Manche Menschen – vor allem jene, welche die Idee ursprünglich hatten, neigen dann dazu, Kritik auszublenden und sogar Fehler zu verschleiern, nur damit es mit dem eigenen »Baby« weitergeht. Das ist menschlich und erst einmal verständlich. Eine solche »Eitelkeit« ist allerdings fehl am Platz. Beim Realitätscheck geht es nicht darum, gut abzuschneiden. Es geht allein um die Wahrheit. Denn die unangenehmen Wahrheiten, denen du in diesem Stadium ausweichst, werden dich höchstwahrscheinlich später einholen.

Ein solches echtes Beispiel-Modell wird in der Startup-Kultur, aber auch in smarten Unternehmen, »Prototyp« oder »Minimum Viable Product« (MVP) genannt. Es dient dazu, die Problemlösung zu validieren und herauszufinden, ob es wirklich das Kundenproblem löst. Dabei handelt es sich nicht um einen Prototypen im herkömmlichen Sinne, der quasi das Serienprodukt zu annähernd 100 Prozent abbildet, so wie in der Automobilindustrie ein »Erlkönig«. Ein MVP ist eine frühe Version des neuen Produkts oder der neuen Dienstleistung, es macht aus der Idee für eine Lösung etwas Reales. Es ist nicht fertig, aber auch nicht unfertig. Es handelt sich um eine minimale, abgespeckte Version mit nur einer oder wenigen Basisfunktionen.

Bei Lars Hirschbach von Cisco hatte seine App beispielsweise nur eine einzige Funktion; der Plan für die App, die später zum Einsatz kommen sollte, beinhaltete viel mehr Funktionen.

Bei Pakadoo war das MVP die App, die zwar alle Grundfunktionen hatte, aber noch gar kein richtiges Design. Welche minimale Funktion der erste Prototyp hat, entscheidest du. Sie sollte wenn möglich bereits die Lösung eines konkreten Problems bieten – je näher am Kern des Problems, desto besser. Wie »viable« – also tragfähig oder überlebensfähig – die Lösung ist, entscheidet aber der Anwender oder Kunde.

Auch dieser Prozess ist gewöhnungsbedürftig. Er widerspricht der traditionellen Vorgehensweise bei einer Markteinführung. Ein Prototyp im herkömmlichen Sinne soll perfekt sein, weil dann das Produkt endlich in Serie gehen kann. Hier ist es komplett anders: Es ist positiv zu bewerten, wenn beim Testen des MVPs herauskommt, dass etwas nicht funktioniert oder der Kunde es nicht annimmt. Dann kannst du es verbessern. Es ist wunderbar, dass der Fehler oder die Möglichkeit zur Verbesserung *jetzt* ans Tageslicht kommt – und nicht etwa erst, wenn das Produkt komplett fertig gebaut ist. Das ist keine Niederlage, es ist wie ein Geschenk.

Du brauchst auch keine große Angst zu haben, dass dir jemand deine Idee klaut, wenn du mit einem MVP nach draußen gehst, um es zu testen. Diese Angst empfinden viele Menschen, mit denen ich über Startup-Thinking gesprochen habe. Meiner Erfahrung nach ist sie aber unbegründet. Denn es ist nicht allein deine Idee oder der Prototyp mit einigen Grundfunktionen, die den Wert ausmachen. Entscheidend ist der Weg, die Idee umzusetzen und daraus ein funktionierendes Geschäftsmodell zu machen. Den kann niemand sehen, der dein Produkt oder deinen Service testet. Er ist in deinem Kopf. Die Wahrscheinlichkeit, dass du an jemanden gerätst, der auf deine Idee nur wartet, um sie zu klauen, ist extrem gering. Darin besteht letztlich die »Kunst« im Entrepreneurship wie im Intrapreneurship: nicht nur Ideen zu haben, sondern diese auch erfolgreich und mit voller Power umzusetzen.

Beim MVP geht es vor allem darum, zu lernen. Dabei stellen sich vor allem folgende zentrale Fragen:

- Wie gehen die Kunden mit dem Prototyp um?
- Funktioniert die Benutzerführung? Gehen sie intuitiv mit der Lösung um?
- Welche Funktionalitäten sind ihnen wichtig?
- Welchen Nutzen stiftet das MVP, und welche »Schmerzen« beseitigt es bei der Testperson?
- Kurz: Besteht das MVP den Realitätscheck?
- Wenn nicht, warum nicht?
- Wenn doch, was könnte besser funktionieren?

Es geht darum, das Produkt immer besser zu machen, und das mit minimalem Einsatz an Zeit, Geld und anderen Ressourcen. Das ist gewährleistet, weil man lediglich ein Basisprodukt baut. Daran etwas zu ändern geht relativ schnell und kostengünstig. Würde man dagegen ein Produkt komplett fertig bauen, wie es in den Verkauf gehen soll, würde das deutlich länger dauern und viel mehr kosten. Wenn sich dann erst herausstellt, dass die Lösung nicht ideal ist, kommt das einer Verschwendung von Zeit und Geld gleich. Mithilfe des MVPs kommt man zu denselben Informationen, bevor es wirklich wehtut. Nur ist die Lernkurve bei der Produktentwicklung deutlich steiler: MVP bauen, damit direkt experimentieren, es verbessern, und wieder testen. Es funktioniert nach dem Prinzip »Bauen – Messen – Lernen«. Hast du gelernt, was du verbessern kannst, baust du das nächste MVP, testest es wieder, und lernst erneut. Dieser Prozess des »iterativen Testens« (wiederholtes Testen) beginnt mit diesem zweiten Realitätscheck und zieht sich auch durch die nächsten Phasen, bis zum finalen unternehmerischen Konzept.

Um eine Problemlösung schnell und unkompliziert auszutesten, gibt es unterschiedliche Arten von Prototypen oder MVPs. Ein MVP kann alles Mögliche sein. Es soll lediglich das spätere Produkt mit möglichst wenig Aufwand simulieren, damit du lernen kannst, was du bei der nächsten Version besser machen kannst.

Die einfachste Variante ist ein MVP auf Pappe oder Papier. Mit Pappkarten kannst du zum Beispiel eine Smartphone-App simulieren. Anstatt zu scrollen oder sich durchzuklicken, gehen die getesteten Personen die Karten der Reihe nach durch – eine einfache, aber sehr realistische Art, eine App zu testen. Sie eignet sich vor allem in einer frühen Phase des Testens, zum Beispiel wenn du eine App-Idee zum ersten Mal einem Realitätscheck unterziehst.

Genauso gut kannst du eine Desktop- oder Tablet-App mithilfe von gezeichneten oder mit einem Grafikprogramm simulierten Screenshots testen – zum Beispiel einen Online-Shop. Würde der Tester etwa »zur Kasse« gehen wollen, gibst du ihm die Karte mit den gesammelten Produkten im Einkaufswagen.

Natürlich kannst du auch mit einfachen Mitteln eine einfache Website bauen – vielleicht fällt dir das je nach deinen Vorkenntnissen sogar leichter, als etwas aus Pappe zu basteln. Eine einzelne, online gestellte Landing Page genügt, um eine Idee vorzustellen; sei es durch eine kurze Story, Bilder oder ein kurzes Video. Du kannst sogar eine Anmeldung für einen Newsletter einbauen: Interessieren sich Besucher für dein Produkt, können sie sich anmelden, und du bekommst auf diese Weise Zugang zu neuen Menschen, deren Problem du vielleicht gerade löst. Die MondayMakers machten genau das: Sie fragten sich, warum müssen wir eigentlich für eine Website einen Webdesigner oder Programmierer beauftragen und dafür 5000 Euro investieren? Stattdessen nutzten sie einen Website-Baukasten – und eine halbe Stunde später war ihre erste Homepage online. Es war für sie ein wichtiger Erkenntnismoment zu sehen, wie schnell so etwas gehen kann. Mit ein bisschen Kreativität kann man viel Geld sparen.

Das Wichtigste beim Realitätscheck ist nicht, wie perfekt dein Prototyp schon ist. Das Wichtigste ist, dass du rausgehst und wirklich testest. Meiner Erfahrung nach ist das im ganzen Schaffensprozess der schwierigste Punkt überhaupt. Du ahnst nicht, wie viele Menschen es gibt, die sich nicht trauen, andere mit einem »unfertigen« Produkt anzusprechen und zu befragen. Ich habe unglaublich viele Menschen kennengelernt, die sich wirklich schämten, damit auf andere zuzugehen, selbst wenn es sich dabei um Freunde oder Familienmitglieder handelt. Es gibt diese hohen Hemmschwellen, weil wir von frühester Kindheit an und vor allem im Arbeitsleben auf Perfektion getrimmt wurden. »Gut« ist da nicht gut genug.

Beim Realitätscheck ist es aber so: »Gerade noch ausreichend« ist perfekt. »Gut« oder »sehr gut« würde bedeuten, dass du dich viel zu lange mit dem Bau des Prototyps beschäftigt hast. Erinnerst du dich noch an das Beispiel mit der Sportgeräteversicherung aus dem letzten Kapitel? Eine neue Versicherung auf den Markt zu bringen kostet zehn bis zwanzig Millionen Euro. Dann wäre doch ein Prototyp für 500.000 Euro eigentlich ein Schnäppchen, oder? Das ist genau die falsche Herangehensweise. Denn wie wir gesehen haben, brauchte es noch gar kein richtiges »Produkt«, um die Lösungsidee erklären zu können. Die Mitarbeiter der Digitalberatung stellten sich damals einfach mit einem Aufsteller und einem Stehtisch an den Skilift, um die Lösung direkt am Markt zu testen. Das Ganze kostete nur ein paar Hundert Euro und konnte problemlos innerhalb von ein paar Tagen umgesetzt werden. Ist es ein komisches Gefühl, mit einem Produkt herauszugehen, das derart unfertig ist? Absolut! Könnte man nicht etwas programmieren, eine Webseite online schalten, ein Logo entwerfen und auch schon ein paar bunte Flyer drucken? Ja, das könnte man – und es würde sich wahrscheinlich auch besser anfühlen. Doch dieser Komfort hat einen Preis. Du bist auf diese Weise langsamer und verschwendest unnötig Geld. Das meinte Reid Hoffman, Gründer von LinkedIn, als er sagte: »Wenn du von der ersten Version deines Produkts nicht beschämt bist, hast du zu lange gewartet, es zu zeigen.«

Du siehst, um einen Prototyp oder ein MVP zu bauen, musst du nicht gleich die Forschungs- und Entwicklungs-Abteilung oder die Werkstatt in deinem Unternehmen aktivieren. Trotzdem kann es dir an dieser Stelle helfen, andere mit ins Boot zu holen und deine Idee zu teilen. Durch deine Kontakte in den Vertrieb bekommst du Zugang zu Kunden. Eine Mitarbeiterin aus dem Marketing ist vielleicht besonders gut in der Ansprache von noch nicht bekannten potenziellen Kunden. Wieder andere Mitarbeiter, etwa mit großem technischen Know-how, sind vielleicht sehr hilfreich bei der kreativen Lösungsfindung. Und so weiter.

Schauen wir uns noch einmal an, wie der Realitätscheck bei unserer fiktiven Service-Idee »Video-Coaching« aussehen könnte. Wie kann man das testen? Eine Möglichkeit wäre zum Beispiel, die bereits befragten Personen zu einem kostenlosen einstündigen Video-Coaching via Skype einzuladen. Ein Karriereberater bietet die Lösung live an, von der du glaubst, dass sie am besten zur Lösung des Kundenproblems geeignet ist. Eine ganz einfache Methode. Daraus lassen sich wichtige Erkenntnisse ziehen: Wie reagieren die »Probanden«? Schafft ein Video-Coaching die Atmosphäre, um über die eigenen Probleme zu reden? Ist es persönlich genug? Ist das Beratungsgespräch richtig aufgebaut? Ist der richtige Coach am Start – oder hat er vielleicht selbst Probleme, das Medium Videochat zu nutzen? Ein kurzes, sich anschließendes Feedbackgespräch oder ein Fragebogen kann darüber Aufschluss geben. Was hat beiden Seiten gefallen – dem Ausführenden und dem Kunden? Was könnte besser laufen?

Will man eine große Anzahl von Menschen befragen, die man außerdem noch gar nicht kennt, gibt es auch andere Möglichkeiten: Man könnte beispielsweise irgendwo in einer Einkaufsstraße eine Pop-up-Videokabine aufbauen – eine Art Blackbox mit einem Tisch, einem Stuhl und einem Notebook. Jemand steht davor und fragt Passanten, ob sie in ihrem Job derzeit glücklich sind oder nicht. Wer das verneint, wird eingeladen, an einem kostenlosen Video-Coaching teilzunehmen – jetzt und sofort in der Blackbox. Mit Sicherheit lassen sich Menschen finden, die die Offerte annehmen. Wie springen sie darauf an? Bringen sie den ihnen fremden Beratern gegenüber das nötige Vertrauen auf, um offen zu reden? Hilft ihnen das Coaching? Fangen sie möglicherweise Feuer und fragen nach, ob sie das Coaching fortführen können, eventuell sogar gegen Bezahlung? Was wären sie bereit dafür auszugeben? So lassen sich bereits auf einfachem Wege wichtige Erkenntnisse gewinnen, ob die Idee Video-Coaching wirklich eine gute Lösung darstellt und wie man sie gegebenenfalls noch weiter verbessern kann. Auch bei diesem Realitätscheck gilt natürlich wieder: Es reicht nicht, das MVP an zwei oder drei Testkunden auszuprobieren. Zwanzig oder dreißig sollten es schon sein.

Nach diesem Muster könntest du das MVP »Video-Coaching«, gegebenenfalls in mehreren Schleifen, weiter verbessern, um auf dieser Basis schließlich den nächsten Schritt zu gehen: ein unternehmerisches Konzept zu entwickeln. Und damit sind wir bei der dritten Zwiebelschale angelangt.

Dritte Zwiebelschale:
ein unternehmerisches Konzept

Bei einer ergebnisoffenen Befragung vieler Menschen mit dem Problem »unglücklich im Job« kann sich zeigen, und davon gehen wir für unser Gedankenspiel einmal aus: Ja, es gibt Bedarf an einem persönlichen Coaching. Es gibt eine ausreichende

Zahl an Kunden. Die Kompetenz ist in der Firma vorhanden. Auch der zweite Realitätscheck hat gezeigt, dass es eine Lösung für ein drängendes Problem gibt.

Am Ende kann es trotzdem sein, dass kein Geschäftsmodell daraus wird. Nämlich dann, wenn sich ausgehend vom relevanten Problem und der grundsätzlich passenden Lösung daraus kein unternehmerisches Konzept entwickeln lässt. Zu einem tragfähigen unternehmerischen Konzept gehören vor allem zwei Punkte:

- der Weg zum Kunden und
- eine positive Bilanz aus Einnahmen und Ausgaben

Der Weg zum Kunden

Im Idealfall ist diese Frage in diesem Stadium bereits gelöst – nämlich dann, wenn sich die neue Lösung in erster Linie an Bestandskunden deines Unternehmens richtet. Dann kannst du die existierenden Vertriebskanäle nutzen, zum Beispiel eigene Shops, Zwischenhändler oder den Direktvertrieb via Webshop. Aber der physische Weg des Produkts ist nur ein Aspekt. Zunächst einmal müssen die Menschen, deren Problem das neue Produkt oder der neue Service löst, auf die neue Lösung aufmerksam werden. Auch das fällt leichter, wenn es sich um Bestandskunden und vor allem um Geschäftskunden handelt – dann ist der direkte Zugang bereits vorhanden, etwa durch Key-Accounter oder Handelsvertreter.

Bei Endkonsumenten ist das Unternehmen auf Kundenkommunikation durch PR, Werbung und Marketing angewiesen. Deswegen hilft es dir, sobald du eine neue Problemlösung gefunden hast, dir in diesen Fragen Expertenrat aus deinem Unternehmen zu holen. Gibt es jemanden aus dem Marketing, der deine Idee gut findet und daran mitarbeiten will, den Weg zum

Kunden zu ebnen und ein Marketingkonzept zu entwickeln? Ein Experte kann beurteilen, wie man bestimmte Zielgruppen am besten anspricht und auf welche Weise und über welche Kanäle potenzielle Kunden auf das Produkt oder den Service aufmerksam werden: Flyer im Briefkasten, Plakate, Bandenwerbung im Fußballstadion, Print-, TV- oder Onlinewerbung, Social-Media-Marketing, Google-AdWords, gesponserte Facebook-Posts und, und, und. Welcher Weg der Beste ist, kann sich je nach Produkt, Zielgruppe und Region fundamental unterscheiden.

Anders liegt der Fall, wenn dein Produkt oder dein Service eine Zielgruppe bedient, die bislang von deinem Unternehmen noch nicht angesprochen wurde, so wie es bei den Karriereberatern der MondayMakers der Fall war. Das Mutterunternehmen richtet sich an Firmenkunden, die das Coaching für zu entlassende Mitarbeiter buchen. Der neue Service hingegen war für Endkunden gedacht. Wie gelingt es in solchen Fällen, Kunde und Berater zusammenzubringen?

Da du an einem Projekt arbeitest, das zu deinem Unternehmen und seiner Zielgruppe passt, ist die Wahrscheinlichkeit groß, dass es dennoch irgendeinen konkreten Anknüpfungspunkt gibt. Um bei unserem fiktiven Beispiel zu bleiben: Wahrscheinlich hat dein Unternehmen auch eine Adressliste mit den Menschen, die sie einmal beraten hat. Für den neuen Service könnten diese zunächst per Post oder Mail angeschrieben oder über einen Newsletter informiert werden.

Um mögliche Neukunden zu gewinnen, muss man sich fragen, wo und wie die Menschen nach Rat suchen würden, wenn sie das Grundproblem »Ich bin unglücklich im Job« haben oder, noch besser, wenn sie bereits auf der Suche nach einem günstigen persönlichen Coaching sind. Das können zum Beispiel Anzeigen in einem Business-Magazin oder einem Lebenshilfe-Magazin sein. Möglicherweise ist ein Plakat an der Bushaltestelle vor einem Großunternehmen eine gute Idee. Eine weitere

Option sind Google-AdWords-Anzeigen: Gibt jemand einen bestimmten Suchbegriff ein wie »Jobfrust«, »Karriere-Coaching«, »Jobwechsel« oder ähnliche Begriffe, erscheint eine Anzeige ganz oben bei den Suchergebnissen.

Die Möglichkeiten sind breit gestreut, und die Marketing-Experten unter deinen Kollegen werden dir sicher sagen können, wie du potenzielle Kunden am besten erreichst. Es gibt nur eines zu bedenken, und hier kommt der zweite definierende Punkt des unternehmerischen Konzepts ins Spiel: Solche Maßnahmen kosten Geld, und sie müssen zu den Einnahmen und sonstigen Ausgaben bei dem neuen unternehmerischen Projekt passen.

Eine positive Bilanz aus Einnahmen und Ausgaben

Da du bereits in einem Unternehmen beschäftigt bist, wirst du bezüglich des »Return-on-Investment« in der Regel nicht so frei sein wie ein selbstständiger Gründer. Für ein Großunternehmen lohnt es sich kaum, ein neues Produkt zu entwickeln, das bei einem Umsatz von 100.000 Euro einen Gewinn von 100 Euro macht. Wahrscheinlich gibt es in deinem Unternehmen sogar bestimmte »Hausnummern« bei der Deckungsbeitragsrechnung, die auch Gemeinkosten wie Verwaltung, Büro- und Produktionsräume, allgemeine Personal- und Vertriebskosten berücksichtigen.

Ein unternehmerisches Konzept ist nur dann tragfähig, wenn die Kunden bereit sind, einen Preis für das neue Angebot zu bezahlen,

- der so viel Umsatz generiert, dass es sich überhaupt lohnt, die Infrastruktur für das Produkt bzw. den Service selbst (Technik, Personal, Verwaltung, Honorarsystem), das Marketing und die Kundenpflege aufzubauen oder bestehende Strukturen dafür zu nutzen und zu unterhalten und

- der so viel Gewinn abwirft, dass das Unternehmen einen Gewinn erzielt und seine Deckungsbeitrags-Vorgaben erfüllt sind.

Dem Pricing, also der Preispolitik für das neue Produkt oder den Service, kommt im Prozess eine entscheidende Rolle zu. Im Fall unserer Karriereberatung für Endkunden würde das bedeuten: Können wir für unseren Service »Video-Coaching« einen Preis finden, der günstig genug ist, damit viele Kunden ihn nutzen – und der gleichzeitig hoch genug ist, damit alle Kosten gedeckt sind und ein angemessener Deckungsbeitrag erzielt werden kann?

Eine weitere wichtige Frage für das Unternehmen lautet: Ist das Geschäftsmodell skalierbar? Kann das interne Projekt wachsen, ohne im gleichen Maße weiter investieren zu müssen? Im Falle einer Karriereberatung – wie auch bei vielen anderen Ideen – gibt es hierbei ein Paradox: Sind die Berater erfolgreich und der Kunde zufrieden, wird er wahrscheinlich auf absehbare Zeit erst einmal nicht zurückkommen. Denn er hat sein Problem gelöst: Er ist jetzt glücklich im Job und braucht dazu keine Beratung mehr. In dieser Hinsicht verhält es sich bei vielen »immateriellen« Leistungen anders als etwa bei einem Konsumprodukt. Entwickelt eine Firma neuartige Bio-Erdbeerbonbons und löst auf diese Weise ein Kundenproblem, dann werden die Kunden immer wieder kommen und immer mehr von diesen Bonbons kaufen.

Bei der Karriereberatung könnten sich aber andere Fragen anschließen, zum Beispiel: Gibt es ein Folgeproblem für den Kunden, das er gern mithilfe der Karriereberatung lösen will? Zum Beispiel könnte er an einem jobbegleitenden Coaching für die optimale persönliche Karrierestrategie oder weitere Coachings zu Spezialthemen wie Bewerbungsgespräch, Gehaltsverhandlung, Führungskräftetraining und Ähnlichem interessiert sein. Eine weitere Möglichkeit: Vielleicht führt ein erfolgreiches Karrierecoaching dazu, dass andere Menschen auf die Erfolge der Firma aufmerksam werden und ihre Dienste ebenfalls in Anspruch nehmen möchten. Diese Form des Wachstums könnte zum Beispiel durch die Empfehlung der zufriedenen Kunden entstehen, die jetzt glücklich im Job sind. All diese Fragen müssen sein, damit ein vollständiges unternehmerisches Konzept entsteht.

Genau wie beim Aufspüren eines relevanten Kundenproblems und bei der Suche nach der passenden, Nutzen stiftenden Lösung hast du das unternehmerische Konzept an dieser Stelle zwar gut durchdacht; es beruht aber immer noch auf Annahmen. Somit gilt auch bei diesem Schritt: Du brauchst einen Realitätscheck, um deine Annahmen zu überprüfen. Liegst du beim Pricing richtig? Werden genügend Menschen einen Preis bezahlen, der die Ausgaben für das Produkt oder den Service selbst, die Kosten für Vertrieb, PR, Marketing und Werbung sowie die Overhead-Kosten im Unternehmen deckt? Der dritte Realitätscheck ist die Nagelprobe, ob das unternehmerische Konzept auch wirklich tragfähig ist.

Realitätscheck: Funktioniert das unternehmerische Konzept?

Auch beim dritten Realitätscheck kommt wieder ein Minimum Viable Product, ein MVP, zum Einsatz. Allerdings ist es schon deutlich ausgereifter als bei der Frage, ob die Idee überhaupt die richtige Problemlösung darstellt. Denn jetzt geht es darum, ob die Interessenten das Produkt oder den Service nur toll finden, oder ob sie wirklich bereit sind, dafür Geld auszugeben – und ob sich das gesamte Konzept für das Unternehmen rechnet.

Um zu demonstrieren, wie das funktioniert, bleiben wir weiterhin bei unserem fiktiven Beispiel mit dem Video-Coaching. Nehmen wir an, der zweite Realitätscheck hätte ergeben, dass die potenziellen Kunden das Video-Coaching annehmen. Aber welchen Preis sind sie wirklich bereit dafür zu zahlen – und wie viel kostet es tatsächlich, ihn von Unternehmensseite zu realisieren? Konkret: Was würde es pro Stunde kosten, den Service anzubieten? Machen wir einmal eine – fiktive – Rechnung auf:

- Honorar für den Coach: 60 Euro
- Anteil Overheadkosten pro Stunde und Kunde: 30 Euro
- Anteil Marketing pro Kunde: 10 Euro

In der Summe wären das 100 Euro. Wird der Service für 149 Euro brutto angeboten und auch von den Kunden angenommen, bleiben nach Abzug der Mehrwertsteuer etwa 25 Euro als Deckungsbeitrag. Das entspricht rund 17 Prozent. Ob das für dein Unternehmen in Ordnung ist, musst du in deinem konkreten Fall herausfinden. Ebenso musst du die Frage klären, ob die Kunden den Preis, den du errechnest, gleichfalls für angemessen halten.

Um zu prüfen, ob die Rechnung aufgeht, gehst du in die nächste Testphase. In unserem Beispiel könnte das nächste MVP ein im Web angebotener Service sein, der über eine Website den Service Karriere-Coaching für 149 Euro pro Stunde anbietet. Die Kunden können online einen Termin vereinbaren. Diese Termine können die Berater ihrerseits anfangs, wenn das Kundenaufkommen noch nicht so hoch ist, an einem Wochentag oder in den Abendstunden bündeln – und so noch genügend Zeit für ihre eigentliche Arbeit haben.

Es kann sein, dass das Modell funktioniert und mit der Zeit immer mehr Testkunden kommen. Es kann aber auch sein, dass die Dinge anders laufen. Es könnte zum Beispiel passieren, dass sehr viele potenzielle Kunden den Link zur Website über

Google AdWords klicken, aber am Ende kein Coaching buchen. Die Kosten für AdWords steigen aber mit jedem Klick, egal, ob der Interessent letztlich kauft oder nicht – was dazu führen kann, dass die Marketingkosten aus dem Ruder laufen. Wird diese Art des Marketings begrenzt, um die Kosten überschaubar zu halten, kommen also vielleicht nicht genügend Kunden zusammen, und die Kosten steigen dennoch. Möglicherweise zeigt sich auch, dass 149 Euro für ein persönliches Video-Coaching immer noch zu teuer sind. Sähe die Rechnung besser aus, wenn der Service für 129 Euro angeboten wird? Wäre der Marketingaufwand derselbe, oder gelingt es, das Marketingbudget geringer zu halten – etwa weil der Realitätscheck gezeigt hat, dass AdWords nicht besser funktionieren als eine suchmaschinenoptimierte Website oder andere, günstigere Formen des Marketings? Vielleicht lässt sich auch bei den anderen Posten noch etwas strenger kalkulieren und die Rechnung dadurch nachjustieren, zum Beispiel so:

- Honorar für den Coach: 55 Euro
- Anteil Overheadkosten pro Stunde und Kunde: 30 Euro
- Anteil Marketing pro Kunde: 5 Euro

In Summe stehen Ausgaben von 90 Euro Einnahmen von 129 Euro brutto gegenüber. Der Deckungsbeitrag liegt bei 18 Euro und knapp 14 Prozent. Zeigt der Test, dass 129 Euro der richtige Preis für ein Video-Coaching ist, würde das Modell so funktionieren – vorausgesetzt, dein Unternehmen ist mit diesem Deckungsbeitrag zufrieden.

Diese Rechnung ist natürlich vereinfacht. Sie soll dir aber zeigen, dass die gute Lösung des Kundenproblems am Ende auch angenommen und bezahlt werden muss, damit das Geschäftsmodell funktioniert. Dazu gehören zielsichere Annahmen – und vor allem Tests unter realen Bedingungen. Der dritte Realitätscheck bietet die Möglichkeit, ganz konkrete Erfahrungen zu sammeln, um am Ende ein überzeugendes, tragfähiges unternehmerisches Konzept an den Start zu bringen.

Solche MVP-Tests können theoretisch endlos weitergeführt werden. Aber dir ist natürlich klar, dass es keinen Sinn macht, endlos an einem Geschäftsmodell zu basteln, aus dem am Ende nichts wird. Wie lange lohnt es sich also weiterzumachen? Vielleicht steht man ja kurz vor dem Durchbruch und bricht genau im falschen Moment ab ... Eine heikle Frage, denn an diesem Punkt geht es um alles oder nichts: Wann aber ist der richtige Zeitpunkt gekommen, das Geschäftsmodell oder die gefundene Lösung grundsätzlich infrage zu stellen und einen radikalen Kurswechsel zu vollziehen – oder das Projekt vielleicht auch aufzugeben? Beim Startup-Thinking nennt man diese Frage »Pivot or Persevere?«, was so viel bedeutet wie »radikaler Kurswechsel oder durchhalten?«.

Die Erfahrung zeigt, dass man eigentlich immer zu lange wartet, bis man einsieht, dass ein unternehmerisches Konzept nicht tragfähig ist. Die Entscheidung für einen Cut oder einen Strategiewechsel fällt also fast immer zu spät. Das hat auch mit Eitelkeit zu tun – schließlich ist ja jeder, der eine Lösung für ein Kundenproblem gefunden hat, davon überzeugt, dass es auch als Geschäftsmodell funktioniert. Das ist auch gut so, denn sonst wäre man nie so weit gekommen. Die Einsicht, dass das Konzept auch durch Nachjustieren und immer weitere Verbesserungen des MVPs nicht wirklich funktioniert, hat aber noch weiterreichende Konsequenzen. Die Entscheidung für einen Kurswechsel kann vom Team als Kritik und Zweifel an seiner Leistungsfähigkeit aufgefasst werden. Das ist schlecht für die Motivation; wer über den Kurswechsel entscheidet, muss unter Umständen damit leben, für einige erst einmal »der Böse« zu sein. Andere Teammitglieder können vielleicht das Problem nachvollziehen, finden aber die Reaktion darauf überzogen: »Es hat doch nur noch eine Kleinigkeit gefehlt, dann hätte es funktioniert. Und jetzt soll die ganze bisherige Arbeit umsonst gewesen sein?«

Um solche Szenarien zu vermeiden, ist es am besten, schon zu Beginn der Arbeit an der Problemlösung Kriterien festzulegen, an welchem Punkt ein radikaler Kurswechsel nötig wird, wenn die Idee und/oder die Rechnung nicht aufgeht. Es ist wichtig, Erfolg zu definieren und konkrete Kriterien dafür festzulegen – so wie es Frauke Mispagel, jahrelange Leiterin des Axel Springer Plug & Play Accelerators, empfohlen hat. Die meisten firmeninternen unternehmerischen Projekte scheitern daran, dass dies nicht geschieht. Gibt es solche wirtschaftlichen und strategischen Kriterien und sind sie transparent, kann sich jeder daran orientieren – und wird von einer radikalen Entscheidung nicht überrascht. Außerdem sind alle Beteiligten auf diese Weise stärker darauf fokussiert, das jeweilige (Teil-)Ziel im vorgegebenen Zeitrahmen mit dem vorgegebenen Budget auch zu erreichen. Jedes Teammitglied kann sich fragen: Hilft mir das, was ich gerade mache, um beim nächsten Entscheidungstermin pro oder kontra sagen zu können? Bringt mich das weiter? Diese Orientierung hilft allen dabei, die richtigen Dinge zur richtigen Zeit zu tun.

Es ist also sinnvoll, wenn du zusammen mit den Verantwortlichen in deinem Unternehmen gemeinsam Erfolgskriterien definierst. Vor allem solltest du dir an jedem Punkt darüber im Klaren sein, dass die Entwicklung eines unternehmerischen Konzepts nicht automatisch in einem neuen Produkt, Service oder Geschäftsmodell münden muss, und dass du bei der Arbeit daran nicht weniger fokussiert vorgehen darfst als bei anderen Tätigkeiten. Diese Arbeit ist extrem spannend und kreativ, sie macht Spaß, du lernst dabei sehr viel Neues – aber für dein Unternehmen ist sie eben nicht bloß ein Spaß, sondern dient dem Zweck, am Ende zum Wachstum der Firma beizutragen.

Business Model Canvas – Startup-Thinking auf einem Blatt Papier

Das Problem ist wichtig, die Lösung ist wichtig, der Weg zu den Kunden, Einnahmen, Ausgaben und Skalierung sind wichtig. Aber um ein unternehmerisches Projekt in einem Unternehmen auch wirklich zum Erfolg zu bringen, musst du es an der richtigen Stelle platzieren und in dessen Infrastruktur einbetten. Gibt es bereits Intrapreneurship-Programme, interne Startup-Hubs oder Ähnliches in deinem Unternehmen, ist das relativ einfach. Dann gibt es einen Plan, wie du eine zu einem Problem passende Lösung vorstellst und welche Bedingungen du dabei erfüllen musst. Du bekommst sogar Unterstützung oder zumindest einen Ansprechpartner bei all den Fragen, die sich auf dem Weg stellen.

Gibt es dagegen noch keine Intrapreneurship-Programme oder eine Kultur, die Unternehmertum im Unternehmen fördert, musst du dir überlegen, was deine Vorgesetzten überzeugen könnte. Denn in einer solchen Firma werden sie kaum sagen: »Hurra, na endlich, leg einfach los!« Die Entscheider brauchen etwas Handfestes, das für sie selbst und ihre eigenen Vorgesetzten rechtfertigt, dass du Zeit, Geld, die Kompetenz anderer Mitarbeiter und andere Ressourcen für ein neues Projekt benötigst. Es liegt an dir, sie für deine Idee zu gewinnen. Bevor du deine Idee also offiziell machst, mache dir folgende Punkte noch einmal klar:

- An welcher Stelle befindest du dich im Moment? Hast du das Problem erkannt, validiert und bereits eine Lösung gefunden und getestet? Oder bist du noch mitten im Prozess? Dir – und auch denjenigen, die du einbeziehst – muss klar sein, wo du ansetzt und welche Schritte die nächsten sein werden.

- Welche finanziellen Mittel benötigst du, um den nächsten Schritt zu gehen?
- Welche personellen Ressourcen brauchst du dafür? Kannst du dich mit wenigen Partnern zunächst nebenher darum kümmern, oder handelt es sich bei deiner Idee um eine größere Nummer, und sie braucht mehr Manpower und Unterstützung?
- Wie viel Zeit brauchst du dafür? Kannst du es nebenbei machen, möglicherweise in Überstunden? Benötigst du mehr Zeit, zum Beispiel einen Arbeitstag pro Woche, wie beim Google-Modell?
- Gibt es im Unternehmen Vertriebsstrukturen für die Lösung, oder musst du die neu denken?
- Welche Kosten kommen auf das Unternehmen zu – und welche Einnahmen sind zu erwarten?

In traditionellen Firmen wird viel Zeit aufgewendet, um diese Fragen zu beantworten, bevor ein neues Produkt entsteht. Dort schreibt man einen umfangreichen Businessplan, der auch die Eckdaten der ersten Jahre nach der Markteinführung möglichst realistisch prognostizieren soll. Entwickelst du eine Produkt- oder Service-Idee nach den Prinzipien des Startup-Thinking, ist ein solch umfangreicher und weit in die Zukunft blickender Plan nicht zielführend. Denn du gehst ja Schritt für Schritt vor und überprüfst zunächst das Problem, dann die Lösung und schließlich das gesamte unternehmerische Konzept. Du führst Realitätschecks mithilfe von Prototypen oder MVPs durch. All diese Prüfungsschritte wiederholst du möglicherweise mehrfach. Bei einer solchen iterativen Vorgehensweise hat sich ein anderes Modell als ein klassischer Businessplan bewährt: das sogenannte Business Model Canvas – eine Methode, die ursprünglich vom Schweizer Unternehmer und Autor Alexander Osterwalder stammt. Dort sind auf einer einzigen Seite alle relevanten Informationen zusammengestellt, die für das unternehmerische Projekt wichtig sind, von »Was habe ich vor« bis »Wie verdienen wir damit Geld«.

Ein Business Model Canvas ist gleichzeitig eine Planungsmethode und eine Übersicht mit neun verschiedenen Feldern. Worum es bei den einzelnen Feldern geht, hast du in diesem Kapitel größtenteils bereits kennengelernt:

- **Schlüsselpartner:** Gibt es mögliche Partner, die für das unternehmerische Projekt infrage kommen? Dazu zählen Lieferanten genauso wie Vertriebspartner oder Partner bei der Entwicklung.

- **Schlüsselaktivitäten:** Welche Tätigkeiten muss das Unternehmen ausführen, um das Produkt herzustellen oder den Service zu erbringen? Und passt das zur Kernkompetenz des Unternehmens?

- **Schlüsselressourcen:** Was wird benötigt, um das Produkt oder den Service anzubieten? Dazu zählen unter anderem

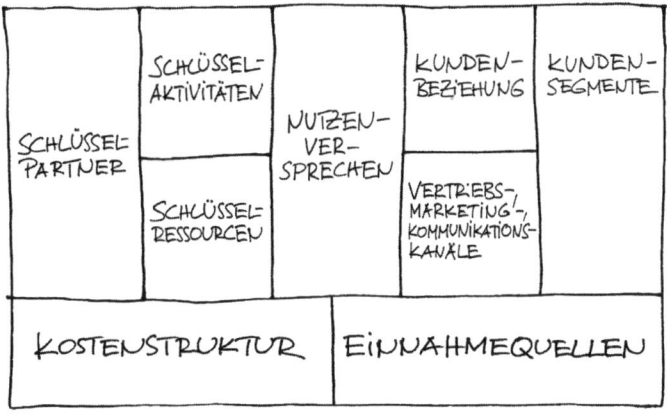

Abbildung 6: Business Model Canvas (Quelle: Strategyzer.com)

Know-how, personelle und materielle Ressourcen, Maschinen.

- **Nutzenversprechen:** Das Nutzenversprechen steht nicht umsonst zentral in der Mitte des Canvas – es ist von zentraler Bedeutung. Welchen Nutzen schafft das neue Produkt oder der neue Service für den Kunden? Anders ausgedrückt: Welches relevante Kundenproblem wird dadurch gelöst?
- **Kundenbeziehung:** Wie werden die Kunden bedient? Persönlich? Über eine gesteuerte Benutzerführung? Über Skype-Gespräche? Oder auf welche andere Art?
- **Vertriebs-, Marketing-, Kommunikationskanäle:** Damit ist der Weg zum Kunden gemeint. Wie werden die Kunden auf das Produkt bzw. den Service aufmerksam? Und wie kommt das Produkt oder die Leistung dann tatsächlich zu den Kunden?
- **Kundensegmente:** Einfach ausgedrückt, geht es hier um die Frage, für welche Kunden das Produkt oder die Dienstleistung gedacht ist. Wer gehört zur Zielgruppe?
- **Kostenstruktur:** Welche Kosten fallen an? Was sind Fixkosten, was variable Kosten? Welche Kosten sind produktbezogen, welche sind Gemeinkosten?
- **Einnahmequellen:** Wie kommt das Geld in die Kasse? Die Möglichkeiten sind vielfältig: von Einmal-Zahlungen über Abos oder Leihmodelle bis hin zu Einnahmen durch Lizenzierung oder Vermittlungsgebühren sowie durch Produktwerbung (etwa auf einer Website).

Um dein unternehmerisches Konzept im Unternehmen vorzustellen, kommen noch drei weitere Aspekte hinzu, um die du das Business Model Canvas erweitern kannst:

- **Team:** Welches Team ist erforderlich, um das unternehmerische Konzept umzusetzen? Hast du dazu Vorschläge?

- **Organisation:** Wie wird die Arbeit organisiert? Wird sie im Hauptunternehmen eingegliedert? Ist der Status des Projekts noch bei einer der ersten beiden Zwiebelschalen, kommt die Frage hinzu: Welche organisatorischen Voraussetzungen müssen erfüllt sein, um die nächsten Schritte zu gehen?
- **Ziele und DNA des Unternehmens:** Wie passt das neue Produkt oder der Service zum Unternehmen? Repräsentiert es dessen Werte und DNA? Hilft es möglicherweise dem Kerngeschäft?

Das Business Model Canvas bildet also im Prinzip genau die Punkte ab, die Startup-Thinking ausmachen. Wenn du so weit gekommen bist, hast du schon eine ganze Menge geschafft. Du kannst stolz auf dich sein, wenn du ein Problem erkannt, die richtige Lösung gefunden und ein unternehmerisches Konzept erarbeitet hast. Dann hast du wirklich etwas vorzuweisen und die besten Argumente, um in deinem Unternehmen für Unterstützung für dich und deine Idee zu werben. Wie du das konkret machst, und welche Haltung dir dabei hilft, darum geht es im nächsten Kapitel.

Hallo, Chef

Du hast in diesem Kapitel gesehen, wie Angestellte vorgehen können, um mit ihren Ideen Kundenprobleme zu lösen und daraus unternehmerische Konzepte zu entwickeln. Wenn deine Mitarbeiter auf diese Weise aktiv werden, ist das also kein Unsinn, sondern eine begrüßenswerte Chance fürs Unternehmen. Als Führungskraft hast du es in der Hand, sie konkret zu unterstützen und damit zur digitalen Transformation deines Unternehmens beizutragen – zum Beispiel indem du ihnen Ressourcen, finanzielle Mittel und Freiräume zur Verfügung stellst. Und vor allem, indem du sie unter bestimmten Voraussetzungen auch machen lässt, ihnen also die nötigen Freiheiten gewährst und Unterstützung zukommen lässt. Keine Frage: Wer Unterstützung einfordert, sollte etwas vorzuweisen haben und dich überzeugen können. Das geht am besten, indem du deine Mitarbeiter ermutigst, Kundenprobleme und deren Lösungen selbstständig zu validieren und ihre unternehmerischen Konzepte möglichst weit zu entwickeln. Der Startup-Thinking-Ansatz kann dir und deinen Mitarbeitern dabei gleichermaßen als Orientierung dienen.

Ich möchte dir nun demonstrieren, was Unternehmen konkret tun, wenn sie ein Intrapreneurship-Programm oder einen Wettbewerb ins Leben rufen. Ein gutes Beispiel ist die Deutsche Bahn, die in den letzten zwei Jahren viel unternommen hat, um die digitale Transformation zu bewältigen. Ende 2016 wurde die DB Digital Ventures GmbH gegründet, die strategisch passende Startups sowie schnell wachsende DB-interne Geschäftsmodelle bewertet und fördert. Das von DB Digital Ventures unterstützte Intrapreneurship-Programm richtet sich an alle Bahnmitarbeiter – aber wie funktioniert das konkret? Manuel Gerres, Geschäftsführer der DB Digital Ventures, hat mir ausführlich davon erzählt.

Mit dem Intrapreneurship-Programm sollen die DB-Mitarbeiter ermutigt werden, eigene Ideen zu entwickeln. Die Deutsche Bahn begleitet sie bei der Ausarbeitung. Im Idealfall entsteht daraus ein tragfähiges Geschäftsmodell, sodass es zur Ausgründung in eine eigenständige Gesellschaft, Tochterfirma oder Organisationseinheit kommen kann. Bewerben kann sich ein Gründerteam, das wie ein Startup-Kernteam aus mindestens drei Personen bestehen soll. Aber auch einzelne Mitarbeiter mit Ideen können sich melden, und die Bahn versucht sie mit anderen Mitarbeitern zusammenzubringen, deren Interessen und Kompetenzen für die Ausarbeitung der Idee hilfreich sein könnten. Wird ein Team ins Programm aufgenommen, durchläuft es zwei Phasen: die »Design-Phase« und die »Build-Phase«.

In der Design-Phase stehen die Befähigung der Mitarbeiter in nutzerzentrierten und agilen Methoden sowie unternehmerischem Denken und Handeln im Vordergrund. Dabei lernen die Teilnehmer in praktischen Workshops erste grobe Geschäftsideen zu ersten fundierten Konzepten zu entwickeln. Zu diesem Zeitpunkt investiert die DB Ventures noch nicht direkt Geld, unterstützt die Teams aber mit Ressourcen und durch professionelle Coaches, die zum Teil selbst Erfahrungen als Gründer gesammelt haben. Im ersten Workshop (»Value Proposition Workshop«) wird die Idee einem Realitätscheck unterzogen. In Nutzerinterviews müssen die Teams die hinter der Idee stehenden Hypothesen über die Kundenbedürfnisse und -Probleme testen und das Werteversprechen ableiten. Im darauffolgenden »Pretotyping Workshop« wird die Vorform eines Prototyps visualisiert – das kann zum Beispiel eine Skizze einer App auf einem Flipchart sein –, die wiederum einem Realitätscheck unterworfen und mit echten Nutzern getestet wird. Die Erkenntnisse werden verwendet, um die Geschäftsidee zu iterieren und zu prüfen, ob wirklich ein Nutzerproblem gelöst werden kann. Falls das der Fall ist, folgt der »Business Model Workshop«, in dem konzipiert wird, wie das im Value Proposition Workshop entwickelte und im Pretotyping Workshop validierte Werteversprechen für den Nutzer monetarisiert werden kann. Das Team wird dabei unterstützt, Kosten und potenzielle Einnahmen realistisch einzuschätzen sowie Zielgruppen und Alleinstellung vom Wettbewerb klar herauszuarbeiten. Am Schluss der Design-Phase erarbeitet das Team in dem »Implementation Workshop« eine Umsetzungs-Roadmap und bereitet sich auf den sogenannten Pitch Day vor, bei dem sie ihre

Geschäftsidee einer Jury vorstellen und sich für die Build-Phase qualifizieren können.

Für die Bahn, aber vor allen für die Teilnehmer selbst bringt die dreimonatige Design-Phase wichtige Erkenntnisse: Habe ich den Antrieb und den Glauben daran, es zu schaffen? Habe ich die erforderlichen Fähigkeiten? Manuel Gerres: »Gerade, wenn die Design-Phase zu Ende geht, merken wir, dass die Leute ins Überlegen kommen. Zuerst sind alle begeistert, an ihrer eigenen Geschäftsidee zu arbeiten. Dann konfrontieren wir sie mit der harten Realität des Gründens. Und das wollen wir auch. Es geht ja darum, dass wir und das Team selbst herausfinden müssen, ob man später auf rauer See bestehen kann, wenn man nicht mehr im sicheren Hafen des Konzerns geschützt ist.«

Wie viele Teams es in die Build-Phase schaffen, ist nicht festgelegt. Erfahrungsgemäß sind es laut Manuel Gerres etwa drei pro Jahr. An dieser relativ kleinen Zahl sieht man schon, dass hier am großen Rad gedreht werden soll; es handelt sich um die »Top-Projekte«. Gesucht werden nur Ideen, die ans Kerngeschäft Eisenbahn und Logistik angrenzen und die einen externen Markt adressieren. Wer es bis zur Build-Phase schafft, wird zu 100 Prozent freigestellt und hospitiert in der Abteilung des Intrapreneurship-Programms. Während der Build-Phase, die drei bis vier Monate dauert, werden das Geschäftsmodell vertieft sowie die kritischen Hypothesen validiert und weiterentwickelt. Dafür stellt die Bahn einen sechsstelligen Betrag zur Verfügung.

In dieser Phase bauen die Teams ein Minimum Viable Product und unterziehen es mit agilen Methoden wiederholten Tests: Wird das Geschäftsmodell von Nutzern angenommen, ist es technisch realisierbar, und ist es kommerziell rentabel? In der Fachsprache: Desirability, Feasibility, Viability. Während der Build-Phase werden auch sogenannte Investoren-Meetings eingestreut – ganz wie bei »echten« Startups –, nur dass die Investoren hier Vertreter von DB Digital Ventures und der Leitung des Intrapreneurship-Programms sind.

Zum Abschluss der Build-Phase findet der sogenannte Demo Day statt, bei dem die Teams die Investoren der Digital Ventures endgültig überzeugen sollen. Schafft ein Team das, entscheidet schließlich das Investment-Committee der Deutschen Bahn darüber, ob aus der Idee ein eigenständiges Startup entsteht und wie hoch die Anschubfinanzierung ist. Eine Hilfestellung für die Mitarbeiter, um den Sprung in eine neue Arbeit zu erleichtern: Scheitert ihr Startup, haben sie während der ersten zwölf Monate ein Rückkehrrecht in ihre alte Abteilung.

Aktuell befindet sich ein Team im Prozess der Ausgründung. Das Team hat eine Lösung für zukunftsorientierte, emissionsarme City-Logistik entwickelt. Das Geschäftsmodell organisiert den städtischen Transport auf der »letzten Meile« (den letzten Reiseabschnitt, zum Beispiel vom Bahnhof nach Hause) über ein international skalierbares Plattformkonzept.

Wie anfangs bereits erwähnt, steht das Programm allen 320.000 Bahn-Mitarbeitern offen. Das Interesse für das noch junge Programm ist groß. Und auch wenn nicht so viele Teams es in die Build-Phase schaffen, ist bereits die intensive, lehrreiche Teilnahme an der Design-Phase ein großer Gewinn für die Teilnehmer und den Konzern gleichermaßen. Kehren die Mitarbeiter wieder Vollzeit in ihren Job zurück, haben sie nicht nur wertvolle Erfahrungen gesammelt. Sie bringen Methodenkompetenz und Innovationsgeist zurück in den Konzern und in ihre regulären Abteilungen, und das hilft der Bahn beim Kulturwandel zu einem digitalen Unternehmen.

Was kannst du als Führungskraft mit diesem Beispiel anfangen? Wenn du für die digitale Transformation in deinem Unternehmen kämpfen möchtest, kannst du das auf zwei Ebenen tun: Auf der Geschäftsleitungsebene kannst du Impulse setzen, damit dein Unternehmen über ein Intrapreneurship-Programm nachdenkt. Du kannst die Kollegen davon überzeugen, welche Vorteile das dem Unternehmen bringt. Argumente gibt es genug, und die vielen auch etablierten Unternehmen, die diesen Weg bereits gehen, können als Vorbild dienen.

Darüber hinaus kannst du deine Mitarbeiter darin unterstützen, mit neuen Ideen auf dich zuzukommen – und alle anderen Führungskräfte ermutigen, dasselbe zu tun. Überlege dir, welche Möglichkeiten du hast, um die Mitarbeiter zu unterstützen: Kannst du ihnen Freiräume geben? Kannst du ihnen Ressourcen zur Verfügung stellen oder Kontakte zu Kollegen aus anderen Abteilungen herstellen? Alles, was du selbst verantwortest, kannst du deinen Mitarbeitern gewähren. Du brauchst dafür keinen zweihundertseitigen Businessplan, aber deine Mitarbeiter sollten schon etwas vorzuweisen haben, wenn du sie unterstützt; etwa ein Business Model Canvas, oder zumindest ein validiertes Kundenproblem mit neuen Lösungsansätzen. Lass deine Mitarbeiter laufen, aber hol dir regelmäßig Informationen über den Stand des Projekts ein. Dann wirst du auch sehr schnell erkennen, wem es ernst ist und wer nur einmal ein bisschen herumspielen möchte – auf diesen Punkt gehe ich im nächsten Kapitel noch intensiver ein.

Arbeite daran, geschützten Raum für deine Mitarbeiter zu schaffen, wie ich ihn im letzten Kapitel beschrieben habe. Das kann bei großen Unternehmen wirklich die stereotype Digitaleinheit in Berlin-Mitte sein: Backsteinwände, Apple-Rechner, bunte Sitzsäcke und ein Kickertisch. Aber es geht nicht um die bunten Sitzsäcke und den Kicker, sondern darum, dass du in deinem etablierten Unternehmen eine Startup-Atmosphäre für Erwachsene erzeugst. Gerne mit bunten Sitzsäcken, aber die sind nicht erfolgsentscheidend. Entscheidend ist, dass du als Führungskraft verstehst, dass du ein Gatekeeper bist und von den Mitarbeitern auch als solcher wahrgenommen wirst. Es liegt in deiner Hand, einen geschützten Raum zu etablieren! Du kannst dafür sorgen, dass die Mitarbeiter in deinem Team, in deiner Abteilung, in deinem Bereich sich bei dir geschützt fühlen und sich trauen, mit neuen, auch vermeintlich verrückten Ideen auf dich zuzukommen. Du kannst dafür sorgen, dass sie Mut und Lust bekommen, sich einzubringen, weil sie sich bei dir *sicher* fühlen.

Biete deinen Mitarbeitern deine Unterstützung und schaffe die Bedingungen für freie, kreative Arbeit mit Startup-Thinking-Methoden. Damit gibst du dich keinen Fantasien hin und stellst Spinnern einen Freifahrtschein aus; vielmehr tust du genau das, was Unternehmen heute tun müssen und viele Unternehmen auch längst tun wollen, um wettbewerbsfähig zu bleiben. Oft fehlt es nur an der Initialzündung. Ob du an der Unternehmensspitze stehst oder im mittleren Management tätig bist: Du füllst als Führungskraft eine zentrale Rolle beim Wandel deines Unternehmens zum smarten Unternehmen aus. Hab keine Scheu, sie zu nutzen! Es gibt bereits unzählige Erfolgsgeschichten wie jene in diesem Buch, die zeigen, dass es funktioniert.

4

Startup-Spirit im Unternehmen: Welche Haltung und welche Eigenschaften dich weiterbringen

»Es ist nicht genug zu wissen – man muss auch anwenden.
Es ist nicht genug zu wollen – man muss auch tun.«
Johann Wolfgang von Goethe

Im letzten Kapitel hast du den Ansatz des Startup-Thinking kennengelernt. Damit hast du eine gute methodische Basis, um als Angestellter ein unternehmerisches Projekt anzugehen und zum Erfolg zu führen. Aber Methoden sind nicht alles. Mindestens genauso wichtig ist die Haltung, mit der du auftrittst. Denn als Intrapreneur nimmst du eine Führungsrolle in deinem Unternehmen ein. Du wirst zu einem Leader – ohne formale Kompetenz, ohne Erwähnung im Organigramm, und ohne dass es auf deiner Visitenkarte steht.

Es spielt auch keine Rolle, wie alt du bist, wie lange du im Unternehmen bist, oder ob du gerade in einem Führungskräfte-Entwicklungsprogramm steckst. Das alles ist völlig egal. Leadership ist eine Frage von Haltung und nicht eine des Alters oder der Seniorität. Schon gar nicht ist sie davon abhängig, ob man dazu von irgendjemandem auserkoren ist. Ein echter Leader führt ohne Auftrag. Er ist ein proaktiver Selbststarter, er macht sein Ding, und er versteht es, andere davon zu überzeugen.

Genau darum geht es in diesem Kapitel: Welche Haltung, welche Fähigkeiten und welche sozialen Kompetenzen helfen dir dabei, als Angestellter eine neue Geschäftsidee zu verfolgen und die Arbeit aller besser zu machen? Und wie holst du andere mit ins Boot: deine Kollegen, potenzielle Teammitglieder, deinen Chef, Meinungsführer und Multiplikatoren in deinem Unternehmen? Du musst dafür nicht geboren sein und auch kein anderer Mensch werden, es ist in erster Linie eine Frage der inneren Einstellung. Weil diese Haltung viel von der Mentalität hat, die in erfolgreichen Startups herrscht, nenne ich sie: Startup-Spirit.

Dieser Startup-Spirit ist nicht nur für deine unternehmerischen Projekte wichtig. Er ist mit entscheidend, wenn du dazu beitragen willst, dass dein Unternehmen insgesamt smarter wird. Das Ende der dummen Arbeit ist das Ergebnis eines Kulturwandels, der durch einzelne Intrapreneure, ihre unternehmerischen Projekte und die dahinterstehende Geisteshaltung angestoßen wird und dann die anderen, die auf der Kurve des Innovationsgesetzes weiter rechts stehen, mitnimmt. Es liegt an dir und den anderen »positiv Verrückten« und »Traumtänzern«, den Startschuss zu geben. Wenn ihr es nicht tut, wird sich in deinem Unternehmen nichts verändern – oder nicht so bald, wie es gut für euch und das Unternehmen wäre. Ihr habt es selbst in der Hand, diesen Spirit zu entfachen und die Veränderung in Gang zu setzen – mit einer klaren Haltung. In diesem Kapitel zeige ich dir, was diese Haltung ausmacht und wie du die Veränderung konkret angehst.

Selbst, wenn du nicht sofort ein Intrapreneurship-Projekt verwirklichst und noch nach dem richtigen Weg für deine Ideen und deine Zukunft im Job suchst, wirst du vom Startup-Spirit profitieren. Denn ich bin sicher, dass auch du längst spürst, dass die Unternehmenskultur und die Arbeitswelt insgesamt sich gerade mit rasanter Geschwindigkeit verändern. Wir alle, gleich welcher Branche wir angehören und welche Aufgaben wir im Unternehmen haben, sind Teil eines neuen Mindsets, das uns ganz neue Möglichkeiten wie Intrapreneurship schenkt – wenn wir sie zu nutzen wissen.

Ownership – du bist Unternehmer im Unternehmen!

Der erste und wichtigste Schritt ist, dass du deine Rolle als Unternehmer im Unternehmen annimmst. Das bedeutet, dich mit Haut und Haaren deiner Aufgabe zu verschreiben und sie nicht mit halber Kraft anzugehen. Es bedeutet, dass du auch als Angestellter für dein Projekt und deine Aufgaben persönlich Verantwortung übernimmst, genauso wie es ein Entrepreneur tun würde. Dabei darf die unternehmerische Komponente nicht zu kurz kommen: Du hast Kosten und Ziele immer im Blick und triffst Entscheidungen eigenständig.

Im Grunde bedeutet es so viel, wie den Schalter von »passiv« auf »aktiv« umzulegen, von »ausführen« auf »selbst machen«. Die Volksweisheit »Jeder ist seines Glückes Schmied« stimmt vielleicht nicht für alle Menschen – aber für Intrapreneure gilt sie zu 95 Prozent. Es bringt nichts, wenn du darauf wartest, dass deine Arbeit besser wird. Du musst deine Zukunft selbst in die Hand nehmen. Als angestellter Intrapreneur bist du jemand, der etwas bewegen will und daran glaubt, das auch zu schaffen – mit der Freiheit und der Verantwortung eines (Co-) Gründers, und nicht wie Mitarbeiter Nummer zehntausendvierhundertzwölf. Du fühlst dich auch für das große Ganze verantwortlich.

Das alles klingt in der Theorie erst einmal einleuchtend. Aber was bedeutet das wirklich? Im Alltag, gestern oder nächsten Dienstag? Dazu ein kleines Beispiel: Stell dir vor, es gibt ein Eiscafé bei dir um die Ecke. Der Laden ist bei gutem Wetter voll, die festangestellte Eisverkäuferin ist freundlich, alles ist gut. Dann eröffnet auf der gegenüberliegenden Straßenseite eine weitere Eisdiele. Als »normale Angestellte« denkt sich die Verkäuferin entweder gar nichts oder etwas wie: »Okay, noch ein Eiscafé. Machen die uns Konkurrenz? Na, das ist das Problem des Chefs. Vielleicht ist es für mich sogar ganz gut. Wenn es hier nicht mehr so läuft, kann ich mich dort bewerben. Vielleicht zahlen die sogar mehr?«

Ist die Verkäuferin ein Intrapreneur, dann denkt sie in eine andere Richtung: »Ein neues Eiscafé. Was bedeutet das für uns? Es könnte hart werden – wir haben zwar viele Kunden, aber reichen die für zwei Läden? Was können wir tun, um den Kunden zu zeigen, dass wir besser sind?« Auch wenn sie das Eiscafé nicht im materiellen Sinne besitzt, so ist es doch ihr Laden. Sie überlegt sich, was sie zum Erfolg beitragen könnte, anstatt das allein ihrem Chef zu überlassen. Wahrscheinlich kennst du in deinem Unternehmen Menschen, die auf diese Art denken – und auch welche, die auf die andere Art denken.

Geht es um ein konkretes unternehmerisches Projekt, dann bedeutet gelebtes Unternehmertum im Unternehmen, dass du selbst die Verantwortung für sein Gelingen übernimmst – egal, ob es ursprünglich deine Idee war oder die eines anderen. Vielleicht wirst du dafür nicht extra bezahlt, aber es bringt dir trotzdem einen enormen Mehrwert. Überlege einmal: Du verbringst eine ganze Menge deiner Lebenszeit bei der Arbeit. Du hast die Wahl, einfach nur deinen Job zu machen oder die Tätigkeitsbeschreibung nicht als Gefängnis zu sehen und dich über die Aufgaben deines eigentlichen Jobs hinaus zu engagieren. Eine solche unternehmerische Haltung bedeutet auch, dass du erfüllende Momente erlebst, zum Beispiel wenn du siehst, dass du mit deiner Kompetenz und mit deinem Engagement ursächlich zum Unternehmenserfolg beiträgst. Auf Dauer wirst du zufriedener und erfolgreicher sein, wenn du dich bewusst dafür entscheidest, für den Traum von der guten Arbeit auch das Mögliche und Nötige zu tun.

Es gibt im Amerikanischen eine Bezeichnung für diese Haltung: Ownership. Dabei geht es nicht um eine Mitarbeiter-Beteiligung in Form von Aktien, Optionen oder Anteilen. Die können Ownership natürlich verstärken, aber eigentlich ist diese Haltung unabhängig davon, ob man einen Teil der Firma besitzt. Es ist so ähnlich wie mit dem Gehalt: Ein gutes Gehalt kann die Arbeitsmotivation unterstützen, aber Gehalt ist nicht die Quelle der Motivation. Es ist ein Irrglaube, wenn Chefs denken, sie könnten mehr Leistung einfordern, wenn sie ihre Mitarbeiter besser bezahlen oder ihnen ein paar Anteile an der Firma überschreiben – natürlich vorausgesetzt, sie bekommen einen marktüblichen Lohn.

Eine vereinfachte Darstellung von Ownership kennst du wahrscheinlich aus dem Fernsehen. Die Baumarktkette Hornbach meint genau das mit ihrer Werbung, die seit mehreren Jahren erfolgreich läuft: »Mach es zu deinem Projekt«. Was vermittelt die Werbung? Leidenschaft, Stolz, erfüllte Arbeit. Der Heimwerker verwirklicht seinen Traum, das Projekt ist sein Baby. Das ist ganz ähnlich wie bei einem Intrapreneur. Es kommen allerdings noch einige andere Aspekte hinzu. Auch dazu ein Beispiel aus der Baumarkt-Werbung: Inspiriert vom Erfolg der Hornbach-Kampagne drehte Konkurrent OBI einen Spot, der die Grenze zwischen Abkupfern und Persiflage auslotete. »Mach es zu deinem Projekt« wurde von der Frau des Heimwerkers, der sich mit voller Inbrunst in seiner Arbeit verloren hatte, eiskalt gekontert: »Aber mach's halt irgendwann auch mal fertig!« Was sie meinte: Der leidenschaftliche Heimwerker macht zwar mit vollem Einsatz sein Ding, es fehlt dabei aber sozusagen der »unternehmerische Aspekt« – die Zielorientierung.

Und wenn dieser Aspekt einem Intrapreneur fehlt, bleibt sein Engagement letztlich ein Hobby wie Heimwerken oder Gartenarbeit.

Fokus – verliere das unternehmerische Ziel nie aus dem Blick

Bei allem Enthusiasmus gibt es eines zu bedenken: Zu unternehmerischem Denken gehört auch kaufmännisches Denken. Das heißt natürlich nicht, dass du BWL studiert oder einen ausgeprägten Sinn für Zahlen haben musst. Schließlich gibt es Arbeitsteilung, und die Detailarbeit können auch andere übernehmen, die mehr Spaß an Zahlen haben. Aber du musst immer im Blick haben, dass dein Unternehmen mit jeder Innovation Geld verdienen will und muss. Dein Denken und Handeln darf nicht nur von deiner Idee und der unbedingten Umsetzung um jeden Preis bestimmt sein.

Wenn du auf eigene Faust einer Idee nachgehst und zum Beispiel ein Kundenproblem validierst, dann brauchst du wahrscheinlich noch nicht viel Geld – oder sogar gar keins. Persönlicher Einsatz reicht, um Kunden zu befragen, und ein erstes MVP aus Pappkarten kostet auch nicht wirklich Geld.

Spätestens wenn dein Unternehmen dir die Möglichkeit gibt, die Idee weiterzutreiben – also wenn du ein Team zusammenstellen kannst, für ein besseres MVP interne oder externe Leistungen einkaufst oder wenn du andere Abteilungen wie Buchhaltung oder einen juristischen Berater nutzt –, musst du sehr genau das Budget, die Kosten und den vereinbarten Zeithorizont im Blick haben, bis zu dem du die Fortschritte des Projekts vorstellst, etwa bei einem Pitch oder einem Demo Day. Du musst unterscheiden, welche Ausgaben unbedingt nötig sind, um das nächste Zwischenziel zu erreichen, und welche nicht.

Und wenn du die Federführung bei dem Projekt hast, musst du auch die anderen Teammitglieder bremsen, wenn sie mehr ausgeben möchten, als eigentlich da ist.

Es gibt viele interne unternehmerische Projekte und auch Startups, die genau an diesen Aspekten scheitern. Die Verantwortlichen sind kreativ, innovativ, brennen für ihre Idee – aber sie schaffen es nicht, die Kostenseite in den Griff zu bekommen. Dafür gibt es viele Erklärungen, und die sind auch nur allzu menschlich. Denn wir sind es gewohnt, alles immer möglichst gut machen zu wollen. Gerade wenn wir mit voller Leidenschaft bei der Sache sind, neigen wir dazu, manche Details zu wichtig zu nehmen. Wenn beispielsweise ein MVP zehn Prozent besser werden kann, dann lohnt es sich doch, dafür auch ein bisschen mehr zu investieren, oder? Wahrscheinlich eher nicht. Was bringen die zehn Prozent konkret? Wenn das günstigere MVP ausreicht, um Kunden zu befragen, dann sind weitere zehn Prozent zu diesem Zeitpunkt verschenkt.

Ein anderes typisches Problem: Viele Projektteams schaffen es nicht, die für die Entwicklung der Idee vereinbarte Zeit einzuhalten. Dann hört man Ausreden wie: »Uns hat in diesem Moment lediglich das Quäntchen Glück gefehlt« – »Wir waren doch auf einem guten Weg.« – »Hätten sie uns nur noch ein Jahr gegeben, dann wäre etwas daraus geworden.« Oder, auch ein Klassiker: »Der Konzern hat so hohe Gewinne erzielt, da hätten sie doch noch ein bisschen mehr Geduld mit unserem innovativen Projekt haben müssen.«

Eben nicht. Es ist völlig egal, wie gut es deinem Unternehmen oder dem Mutterkonzern geht. Selbst wenn die Firma im vergangenen Jahr 100 Millionen Euro Gewinn gemacht hat – deine Haltung muss sein: »Das hat nichts mit meinem Projekt zu tun.« Hat es ja auch nicht. Der Gewinn des Unternehmens ist nicht dafür gedacht, dass die Mitarbeiter ihre kreative Ader ausleben können. Jeder Euro, der in dein Projekt fließt, soll dem

Wachstum des Unternehmens dienen. Vor allem aber geht es um Folgendes: Du musst zeigen, dass du nicht nur in der Lage bist, eine gute Idee zu entwickeln, sondern auch mit vorhandenen Mitteln umzugehen und haushalten zu können. Das gehört zum unternehmerischen Denken eines Intrapreneurs zwingend dazu.

Wenn du das nicht kannst, gibt es zwei Möglichkeiten. Die erste: Du kannst es lernen. Budget und Ausgaben für eine Projektdauer von drei bis sechs Monaten zu planen ist kein Hexenwerk. Oder – und das ist ohnehin empfehlenswert – du suchst dir ein Teammitglied, das für die Finanzseite des Projekts zuständig ist. Das entbindet dich als Intrapreneur aber nicht davon, selbst den Überblick zu bewahren. Informiere dich regelmäßig über die aktuellen Finanzen. Weißt du, was die meisten *Entrepreneure* jeden Morgen als Erstes tun, wenn sie ins Büro kommen? Nein, sie lassen sich nicht einen Kaffee kommen und lesen die Zeitung. Sie studieren die aktuellen Zahlen: Was haben wir gestern verkauft? Wie viele Bestellungen sind eingegangen? Welche Ausgaben stehen an?

Auf dich als *Intrapreneur* übertragen kann das bedeuten: Welche Ausgaben hatten wir gestern? Wie liegen wir im Budgetplan? Kommen wir mit den vorhandenen Mitteln hin? Diese Fragen zu beantworten dauert fünf Minuten, wenn du die Techniken selbst beherrschst oder dich morgens mit dem Finanzmanager deines Projekts kurzschließt. Falls es ein Problem gibt, frage dich: Was ist passiert? Wo können wir bei den nächsten Schritten etwas einsparen? Können wir eine günstigere Lösung finden? Und so weiter.

Es ist kein Zufall, dass in der Startup-Welt wie auch bei Intrapreneurship-Programmen die Finanzierung durch Venture Capitalists oder das Mutterunternehmen nur für die nächsten Projektschritte zugesichert wird. Denn das macht ja das Startup-Thinking aus. So wird verhindert, dass viel Geld verbrannt wird und am Ende nichts dabei herauskommt. Es gibt noch einen weiteren, genauso wichtigen Vorteil, der dich und dein Team betrifft: Kleine Budgets und kurze Deadlines zwingen dich dazu, dich auf das Wesentliche zu fokussieren. Es geht darum, das minimal Nötige zu tun, um den nächsten Schritt auf der Lernkurve zu gehen. Alles, was darüber hinausgeht, ist – erst einmal – überflüssig. Du solltest die anfängliche Beschränkung also nicht als Zwang sehen, sondern als Hilfe, damit du schneller zum Ziel kommst.

Zum unternehmerischen Aspekt gehört noch ein Punkt, den ich im letzten Kapitel bereits angesprochen habe: Skalierbarkeit. Das bedeutet: Dein Geschäftsmodell ist zur Expansion fähig, ohne zusätzlich Investitionen und erhöhte Fixkosten zu verursachen, oder aber das Wachstum ist deutlich größer als der Kostenzuwachs. »Think Big« – Das ist der Silicon-Valley-Style und Teil des Startup-Spirits. Und natürlich beinhaltet die Internetökonomie per se ein deutlich höheres Potenzial für Skalierbarkeit als etwa die produzierende Industrie. Ob eine Plattform wie Instagram nun von 100.000 oder 100 Millionen Menschen genutzt wird, spielt auf der Kostenseite eine vergleichsweise geringe Rolle. Klar, es geht dabei um Rechner- und Netzwerkkapazitäten, das kostet natürlich auch etwas. Aber beispielsweise die Personalstärke ist mehr oder weniger gleich groß. Zwei Monate nachdem Instagram im Jahr 2010 gestartet war, hatten sie bereits eine Million Nutzer, im September 2011 waren es zehn Millionen, und als Instagram 2012 für eine Milliarde Dollar von Facebook gekauft wurde, kamen jeden Monat weitere zehn Millionen Nutzer hinzu. Dabei arbeiteten zu diesem Zeitpunkt gerade einmal zwölf Personen dort. Für ein produzierendes Unternehmen mit vergleichbarer Kundenzahl ein undenkbares Verhältnis.

Was im Silicon Valley üblich ist, kannst du natürlich nicht eins zu eins auf dein Unternehmen übertragen. Aber Skalierbarkeit ist wichtig. Ein Produkt, dessen Gewinnspanne beim Verkauf von 1000 Einheiten genauso groß ist wie beim Verkauf von 100.000 Einheiten, ist nicht skalierbar. Der Ertrag steht dann in keiner Relation zum Aufwand. Deshalb ist dieser Aspekt auch so wichtig, dass du ihn zumindest im Hinterkopf haben musst und die Entwicklung deiner Idee auch danach ausrichten solltest.

Verantwortung – für dich selbst und für dein unternehmerisches Projekt

Wer als Intrapreneur ein unternehmerisches Projekt anstößt und als Owner die Arbeit im Unternehmen aktiv mitgestalten möchte, trägt Verantwortung. Das klingt erst einmal gut. Verantwortung möchten theoretisch viele haben. Sie verspricht persönliche Freiheiten, sie erlaubt es, eigenständig Entscheidungen treffen zu können, sie ist ein Zeichen von Anerkennung und mit Prestige verbunden. Was aber, wenn es ernst wird? Was, wenn etwas schiefgeht? Dann will am Ende keiner die Verantwortung dafür tragen. Fragt ein Vorgesetzter in eine Abteilungsrunde: »Wer ist dafür eigentlich verantwortlich?«, dann gehen die Blicke meistens in Richtung Fußspitze. Niemand will es gewesen sein.

Das kann zwei Ursachen haben. Die erste: Jemand traut sich nicht, zu einem Fehler zu stehen. Aber warum eigentlich? Fehler passieren nun einmal jedem, aber warum trauen sich so viele erwachsene Menschen nicht, Verantwortung für die eigenen zu übernehmen? Warum tun so viele immer nur so, als ob? Wozu dieses ganze Theater? Genau das ist es doch, was im Arbeitsleben nervt und was wir eigentlich in die große Ablage »dumme Arbeit« werfen müssten. Es ist der reinste Kindergarten.

Der Grund dafür ist die Angst vor Fehlern. Das ist eine Kulturfrage. Wer Angst hat, Fehler zu machen, scheut die Verantwortung. Denn wer Fehler macht, wird in traditionellen Unternehmen abgestraft. Im Öffentlichen Dienst würde man das in Beamtendeutsch so ausdrücken: »Fehler sind tunlichst zu vermeiden.« Deswegen wollen sich so viele Angestellte – egal in welcher Position – auch immerzu absichern. Jedes Gespräch wird per nachgesandter E-Mail dokumentiert – um sich abzusichern. Jedes Meeting braucht ein Protokoll, das mit allen Beteiligten so lange abgestimmt wird, bis alle Entscheidungen weggeschliffen wurden, damit niemand die Verantwortung für potenzielle Fehlentscheidungen tragen muss. Will ein Angestellter einem Kunden etwas versprechen oder einen ungewöhnlichen Deal abschließen, muss er sich erst einmal bei seinem Chef absichern. Von der Unart, Gott und die Welt bei jeder Mail in CC zu setzen, ganz zu schweigen.

Der zweite mögliche Grund, warum sich in der Abteilungsrunde bei der Frage nach dem Verantwortlichen niemand meldet, ist, wenn tatsächlich nicht ganz klar ist, wer nun eigentlich die Verantwortung trägt. Eine solche Verantwortungsdiffusion ist in fast jeder Firma ein weitverbreitetes Phänomen. Wenn sich in so einem Fall jeder hinter seinen Zuständigkeiten verschanzt und für alles andere jede Verantwortung ablehnt, dann bewegt sich nichts. Das ist das Gegenteil von Ownership.

Wo wir gerade dabei sind: Verantwortungsdiffusion wirkt nicht nur bei Fehlern lähmend. Ich habe erst kürzlich so einen Fall erlebt. Mit einem DAX-Konzern hatte ich vereinbart, mehrere Vorträge vor Mitarbeitern zu halten. Allein um den Inhalt und den Titel der Vorträge mit den Konzernleuten zu besprechen, gab es zwei Gespräche mit jeweils fünf Leuten, die dabei irgendwie mitzureden hatten. Am Ende des zweiten Gesprächs sagte dann einer von ihnen zu mir: »Also, wir haben jetzt mal als Vortragstitel diese Formulierung gewählt, die in Ihrer E-Mail vorkam. Wäre das denn okay?«

War es nicht, der vorgeschlagene Titel passte nicht mehr zu den gerade besprochenen Inhalten. Das sagte ich dann auch: »Den Titel finde ich nicht mehr ideal. Ich hätte den Vortrag ›so und so‹ genannt. Das ist aus meiner Sicht passender. Aber wenn Ihr Herz daran hängt, dann nehmen wir den ursprünglichen Titel.« Plötzlich Schweigen im Raum. Die Sekunden vergingen, bis nach einer gefühlten Ewigkeit jemand zumindest ein lang gezogenes »Ähm ...« vorbrachte. Dann wieder Stille, gefolgt von »was wollen wir denn jetzt?«.

»Also, ich kann es nicht beurteilen«, antwortete ich.

»Ich auch nicht«, war die Antwort.

Und der Nächste: »Ich war ja beim letzten Gespräch nicht dabei.«

So ähnlich ging das reihum weiter – und es waren sieben Personen in diesem Termin. Um dem Verantwortungsgeschiebe ein Ende zu setzen, sagte ich an diesem Punkt: »Wissen Sie was, dann machen wir das jetzt ›so und so‹. Ist anscheinend für alle fein.«

Wieder Schweigen. Und dann: »Okay, alles klar, der Titel ist jetzt der, den Sie eben genannt haben.«

Diese Situation fand ich wirklich bezeichnend. Sie hat mir noch einmal vor Augen geführt, warum man sich als unternehmerisch denkender Mitarbeiter in traditionellen Unternehmen manchmal so komisch vorkommt. Ich war es nach mehreren Jahren selbstbestimmter Arbeit gar nicht mehr gewohnt, dass eine wirklich sehr einfache Entscheidung – hey, es ging nur um einen Vortragstitel – so lange brauchte. Niemand zog sich den Schuh an und entschied – es waren offensichtlich keine Owner anwesend. Und überhaupt – warum mussten da sieben Personen mitreden? Will man in einem traditionellen Unternehmen nur eine einfache Frage klären, sind meistens gleich viele Menschen im Spiel. Jedes Detail muss mit allen Beteiligten abgestimmt werden, sonst fühlt sich jemand ausgeschlossen oder auf den Schlips getreten. Das hat mit der Sache nichts zu tun, es ist reine Politik. Und am Ende versteckt sich jeder hinter einem anderen. Solche Verantwortungsdiffusion wird meist erklärt mit unklaren Strukturen, einem mangelhaften Organigramm, das nicht eindeutig beschreibt, wer welche Verantwortung trägt und wer wem gegenüber berichtet.

Mal ehrlich, willst du dich wirklich mit solchen Fragen beschäftigen? Ist es wirklich nötig, jede noch so kleine Frage von Verantwortlichkeit über bürokratische Prozesse aufzulösen? Wer hat etwas davon? Genau, niemand. Es geht schließlich nicht um Schuld, es geht um Verantwortungsübernahme. Verantwortung bedeutet, Lösungen zu finden, damit es besser läuft. Verantwortung heißt, auch im Negativbereich etwas gestalten zu können, und nicht schuldig zu sein. Letzteres wird in vielen Unternehmen häufig gleichgesetzt. Herrscht eine Schuld-Kultur vor, geht es um Fehler und Sanktionen – das ist dumme Arbeit. In einer Verantwortungskultur geht es darum, etwas zu machen und es in Zukunft immer besser zu machen. Es geht um die Sache und nicht um Befindlichkeiten.

Wenn es um dein eigenes unternehmerisches Projekt geht, dann hast du es selbst in der Hand, unklare Situationen zu vermeiden. Einmal, indem du mit der Haltung eines Owners selbst Verantwortung übernimmst – schließlich ist es dein Projekt. Du bist an seinem Erfolg interessiert, also tust du alles in deiner Macht Stehende, damit es funktioniert. Aber versuche nicht, jede Entscheidung an dich zu ziehen. Genauso wie du dir Freiräume für deine Arbeit wünschst, um sie gut zu machen, wünschen sich das auch andere in deinem Team. Gib deswegen Verantwortung an andere ab, wenn sie dazu bereit sind – vor allem dort, wo sie sich als Experten besser auskennen als du. Auch in einem Team von Ownern muss am Ende klar sein, wer für welche Frage den Hut aufhat. Dabei sollte klar sein: Bei Verantwortung geht es nie um Status, sondern um Klarheit.

Um andere zu ermutigen, selbst Verantwortung zu übernehmen, reicht es nicht, sie einfach zu delegieren. Es wirkt viel besser, wenn du als Vorbild auftrittst und andere von deiner Haltung überzeugst. So funktioniert nämlich moderne Führung: nicht anderen sagen, was sie tun sollen, sondern mit gutem Beispiel vorangehen. Die wichtigsten Eigenschaften, um andere von der Haltung eines Owners zu überzeugen, sind Leidenschaft, Empathie, Offenheit und Respekt anderen gegenüber.

Empathie – ein unterschätzter, aber wichtiger Faktor

Nehmen wir einmal den Faktor Empathie: Als Ideengeber übernimmst du im Team eine Führungsrolle, auch wenn es keine festen Hierarchien gibt. Du musst ein buntes Team aus Menschen, die sich zum Teil womöglich gar nicht kennen, für dich und deine Sache gewinnen und sie dauerhaft motivieren. Damit du ihre Stärken am besten zur Entfaltung bringen kannst, hilft es enorm, wenn du dich in ihre Lage versetzen und ihre Gefühlswelt nachempfinden kannst. Beginnt dein Unternehmen gerade erst damit, smart zu werden und Innovationsprojekte zu fördern, oder bist du gar als Pionier der Erste, der sich auf dieses Terrain wagt, dann wird sich die Mehrzahl der Beschäftigten im Unternehmen erst einmal schwer damit tun. Es liegt an dir und deinen Vorgesetzten, sie zu überzeugen. Mit Arroganz (»Das verstehen die sowieso nicht«) kommt da niemand weiter. Probiere, ihre Perspektive einzunehmen, dann schaffst du es viel besser, sie mitzunehmen.

Empathie ist eine Fähigkeit, die im Arbeitsleben generell immer wichtiger wird. In der heutigen Zeit, in der wir immer häufiger in Projekten mit wechselnden Partnern und Kollegen arbeiten, wo wir ständig direkt mit (potenziellen) Kunden in Kontakt sind, um deren Probleme zu ergründen, dafür Lösungen zu entwickeln und diese zu testen, ist sie extrem wichtig. Denk mal zurück an den Startup-Thinking-Prozess aus dem letzten Kapitel: Du hast nicht nur mit deinen Teamkollegen zu tun, sondern immer wieder auch mit Kunden und ganz fremden Menschen. Bei allem, was du tust – Kundenprobleme erkennen, Lösungen finden und daraus Produkte entwickeln –, ist Empathie sehr wichtig. Immer wieder musst du dich in die Kunden hineinversetzen und ihre Wünsche und Bedürfnisse verstehen. Und bei den Realitätschecks hast du immer wieder Kontakt zu Menschen, die du größtenteils gar nicht kennst, die aber mit dir über ihre Probleme und Bedürfnisse sprechen sollen. Das erfordert vor allem eine ganze Menge Einfühlungsvermögen.

Es kommt nicht von ungefähr, dass smarte Unternehmen beim Recruiting neben Fachkompetenz vor allem darauf achten, ob die Bewerber Empathie entwickeln können. Das hat auch Tom Van den Brulle besonders betont, der als Global Head of Innovation beim Versicherungskonzern Munich Re auch dafür verantwortlich ist, durch das Einstellen neuer Mitarbeiter frischen Wind ins Unternehmen zu bringen. Natürlich müssen die neuen Mitarbeiter Fachwissen und eine gewisse Branchenkenntnis nachweisen, aber das ist bei den meisten der Fall. Empathie und Haltung sind dann für ihn die entscheidenden Faktoren bei der Frage, wer eingestellt wird: »Kann der Bewerber Leute motivieren? Ist er jemand, der Projekte durchboxen kann? Ist das eine Person, mit der man gern arbeitet? Eine, die Menschen begeistern kann? Trotz zunehmender Digitalisierung und Technologisierung der Profile nimmt die Bedeutung des Faktors Empathie immer mehr zu. Bei unseren Einstellungsverfahren verwenden wir ein Scoring-System, das verschiedene Skills abbildet. Empathie wird sehr hoch bewertet. Das war noch vor fünf Jahren nicht so sehr im Fokus. Aber Empathie ist heute so wichtig, weil wir alle heute in multidisziplinären, sehr diversen Teams arbeiten und andere für ungewöhnliche Projekte begeistern müssen, um diese durchzubringen.«

Womit wir beim nächsten wichtigen Aspekt der Haltung sind: Leidenschaft und Begeisterung.

Leidenschaft und Begeisterung – für die Idee brennen und andere begeistern

Wie begeisterst du andere? Neben den inhaltlichen Argumenten vor allem durch die Leidenschaft, die du selbst ausstrahlst. Wenn du für deine Idee oder für eine andere Art zu arbeiten brennst, strahlt das nach außen ab – auf deine Kollegen, Vorgesetzten oder Mitarbeiter. Die Menschen in deiner Umgebung merken es sehr genau, wenn du echte Leidenschaft entwickelst. Du hast diese Erfahrung wahrscheinlich schon selbst gemacht. Wenn du jemals mit einer Person zusammengearbeitet hast, die wirklich enthusiastisch war, dann weißt du, wie leicht ihr die Arbeit fällt und wie viel Kraft sie daraus zieht. Wer mit Leidenschaft bei der Sache ist, dem ist kein Hindernis zu groß, kein Thema zu kompliziert, keine Aufgabe zu trivial. Und das Beste an der Sache ist, dass diese Leidenschaft ganz schön ansteckend ist. Als Intrapreneur nimmst du eine informelle Führungsrolle ein. Mit Begeisterung und Empathie kannst du ein Team viel besser motivieren, als es durch die Macht der Hierarchien möglich ist. Nur so funktioniert heute Führung! Das ist der Unterschied zwischen echtem Leadership und »der Boss sein«!

Echte Leidenschaft kann man nicht simulieren. Man kann nicht so tun, als ob. Es gibt aber in jeder Firma bestimmte Leute, die sich bei neuen Projekten mit gespieltem Enthusiasmus nach vorn drängeln. Sie tun das nicht aus Leidenschaft, sondern um gut dazustehen, Lob zu kassieren und vielleicht auf den nächsten Karrieresprung einzuzahlen. Aber am Ende ist nichts dahinter – und das bleibt nicht dauerhaft verborgen. Die Kollegen im Unternehmen beobachten sehr wohl, wie sich jemand gibt. Sie erkennen sehr gut, wer Leidenschaft nur vorspielt und wer sie wirklich authentisch entwickelt. Du kennst wahrscheinlich auch mindestens einen Kollegen, der immer alles super findet – vor allem, wenn die Idee von oben kommt. Jeder weiß, dass das Fassade ist. Menschen haben ein feines Gespür dafür, was echt ist und was nicht. Wer Enthusiasmus nur vorspielt und inflationär immer dieselben Tschakka-Sprüche ablässt, den entlarven wir früher oder später.

Es ist offensichtlich, dass wir lieber mit Menschen zusammenarbeiten, die wirklich mit Leidenschaft bei der Sache sind als mit Schauspielern oder hauptberuflichen Bedenkenträgern. Wenn du also zur ersten Gruppe gehörst, dann zeige deinen Enthusiasmus und deine Energie. Kultiviere deine Leidenschaft. Es gibt keinen Grund, deine Begeisterung zu unterdrücken. Dann wird es dir auch leichter fallen, Mitstreiter und Unterstützer zu finden, und dein positiver Spirit wird sich im Unternehmen ausbreiten und zu einer besseren Atmosphäre führen.

Doch Leidenschaft für deine Arbeit ist nicht bloß Mittel zum Zweck. Beim Ende der dummen Arbeit geht es letztlich darum, dass du deine Arbeit magst und sich für sie begeistern kannst. Dann ist sie für dich selbst auch sinnvoll und fühlt sich gut an. Genau dafür tust du das alles. Und das ist ein Wunsch, den auch deine Kollegen hegen – ausgesprochen oder unausgesprochen.

Ohne Leidenschaft könntest du auch gar nicht als Intrapreneur arbeiten. Sie ist die Grundvoraussetzung dafür, dass du ein anstrengendes unternehmerisches Projekt durchziehst, womöglich Extra-Arbeit leistest und bereit bist, dich auch gegen Widerstände durchzusetzen. Wir haben im letzten Kapitel geklärt, dass deine Idee deinen Interessen und Fähigkeiten entsprechen sollte und dass dir das, was du machst, wichtig ist, weil du dich eine Zeit lang damit beschäftigen wirst. Um es weniger vorsichtig auszudrücken, lautet die Frage eigentlich: Brennst du für deine Idee? Bist du wirklich Feuer und Flamme? Wenn du das von dir behaupten kannst, hast du den richtigen Motivationsgrad, um die Anstrengungen, die Unternehmertum im Unternehmen mit sich bringt, zu meistern.

Es gibt viele Menschen, die unzufrieden mit ihrer Arbeit sind und vielleicht das Gefühl haben: »Ja, mein Job könnte spannender sein.« Aber sie tun selbst nicht viel, um etwas daran zu verändern. Sie kommen nicht aus dem Quark. Es gibt Menschen, die zwar wollen, aber nicht machen. Sie scheuen den ersten Schritt zur Veränderung – weil sie ihre bequeme Position nicht aufgeben möchten, weil sie es nicht als ihre Aufgabe ansehen, oder weil sie das Risiko scheuen, das eine Veränderung mit sich bringen könnte.

Aber welches Risiko? Das Risiko, interessanteren Tätigkeiten nachzugehen? Das Risiko, mehr persönliche Freiräume zu bekommen, eigene Entscheidungen treffen zu können und eigene Ideen umsetzen zu können? Stell dir die Frage, ob du bereit bist, anders zu arbeiten als im Moment – und vielleicht eine Zeit lang auch mehr zu arbeiten. Bist du außerdem bereit, das Risiko einzugehen, dass du damit scheiterst? Wenn du wirklich von deinem Thema begeistert bist, wirst du diese Fragen mit »Ja« beantworten. Mit der richtigen Portion Leidenschaft wirst du austesten wollen, wie weit dich deine Idee trägt. Sonst beißt du dir irgendwann in den Hintern und fragst dich, warum du es nicht probiert hast. Denn mal ehrlich: Etwas Besseres als die dumme Arbeit findest du allemal.

Leidenschaft für deine Ideen ist ganz wichtig. Das haben alle meine Interviewpartner immer wieder unabhängig voneinander betont. Lars Hirschbach von Cisco sagte, egal gegen welche Widerstände du dich durchsetzen musst – und wenn du gegen Windmühlen kämpfst –, darfst du den Mut und deine

Leidenschaft nicht verlieren. Er hatte bereits viele eigene Ideen eingereicht, ohne dass es etwas gebracht hatte, aber er brannte so sehr dafür, dass er eine seiner Ideen beim Innovationswettbewerb von Cisco mit Erfolg anmeldete. Sein Credo war immer: »Wenn etwas nicht klappt: Steh auf und mach weiter. Wenn du vom Potenzial deiner Idee überzeugt bist, lohnt es sich auch, dafür zu kämpfen, du wirst am Ende belohnt werden.«

Offenheit und Respekt – nicht nur einfordern, sondern vorleben

Es ist selbstverständlich, dass du überzeugt von deiner Idee bist, sie mit Leidenschaft voranbringen willst und sie gegen Widerstände verteidigst wie eine Löwin ihre Jungen. Du solltest dabei aber achtgeben, dass du dich nicht verrennst. Es ist wichtig, sich und seine Idee immer wieder zu reflektieren, offen für Kritik zu bleiben und sie nicht einfach abzutun nach dem Motto »Die sind nicht offen für einen Wandel«.

Offenheit gegenüber Neuem und gegenüber anderen Ansichten ist eine Eigenschaft, die jeder Intrapreneur nicht nur einfordern, sondern auch vorleben muss. Zu Beginn dieses Buches habe ich geschrieben: Wir leben in einer unsicheren und komplexen Welt. Niemand weiß heute, wie der technologische Wandel die Wirtschaft und die gesamte Gesellschaft verändern wird – und deshalb müssen die Unternehmen beweglicher werden. Das kannst du auch auf die persönliche Ebene herunterbrechen: Sei aufgeschlossen für neue Ideen, und sei flexibel. Das beschränkt sich nicht nur auf die Überprüfung deiner Idee durch Realitätschecks. Auch Offenheit ist nicht in erster Linie eine Methode, sondern Teil einer Haltung.

Dazu gehört, dass du dir immer wieder Rat von anderen einholst. Auch wenn du danach eine andere Entscheidung triffst, als dir geraten wurde. Eine Konsultation von Experten oder anderen bringt dich dazu, sowohl deine Idee als auch dein Vorgehen zu reflektieren. Intrapreneure sind Macher, sie sind aber auch gute Zuhörer. Wer von anderen lernen will, muss eben auch aufmerksam zuhören können.

Offenheit gegenüber Neuem und anderen Meinungen ist nützlich – und sie ist eine Frage des Respekts. Deshalb bedeutet Durchsetzungsstärke – die du brauchst, um deiner Idee zum Erfolg zu verhelfen – auch nicht Ellbogenmentalität. Als Intrapreneur überzeugst du mit Argumenten und als Vorbild, nicht durch Machtgehabe und Ego. Falls du fußballinteressiert bist, dann kannst du dir das so wie bei der im deutschen Fußball regelmäßig wiederkehrenden Führungsspielerdebatte vorstellen, vor allem bei der Nationalmannschaft. Schneidet die bei einem Turnier schlecht ab, sagen die Traditionalisten: »Es fehlt uns an Führungsspielern.« Damit meinen sie dann Spieler wie früher Lothar Matthäus, Stefan Effenberg oder Michael Ballack, die »auch mal dazwischenhauen« und »sagen, wo es langgeht«, also eigentlich die ganz alte Schule. Auf der anderen Seite gibt es vermehrt Stimmen, die sagen, Führungsspieler seien ein Relikt aus vergangenen Zeiten. Jeder Spieler müsse Verantwortung übernehmen.

Damit haben sie sicher recht. Aber sind das immer alle in einem Team? Wahrscheinlich nicht. In jeder Fußballmannschaft gibt es zentrale Spieler, die wichtig für das große Ganze sind. Sie sind so etwas wie die Owner in einem Unternehmen. Sie leiten ihre Akzeptanz aber nicht aus einer höheren Position in einer Hierarchie ab, vielmehr überzeugen sie auf dem Platz und werden aufgrund ihres Umgangs mit der Mannschaft geschätzt. Mit Macht- oder Alphatiergehabe wie bei den Führungsspielern alter Prägung hat das nichts mehr zu tun. Anerkennung erarbeitet man sich heute mit Respekt und Offenheit im Umgang mit anderen.

Kollaboration – wie du als Intrapreneur andere im Unternehmen überzeugst

Ownership, Verantwortungsbewusstsein und unternehmerischer Fokus als Haltung, Empathie, Leidenschaft und Offenheit als Eigenschaften – damit erfüllst du auch die »soften« Voraussetzungen, um als Intrapreneur an den Start zu gehen. Das ist das Fundament, wenn du dein unternehmerisches Projekt in deinem Unternehmen konkret angehen willst. Denn du wirst mit sehr vielen Menschen reden, um sie für deine Sache zu gewinnen. Du kannst dein Projekt ja nicht allein stemmen. Als Intrapreneur bist du kein Einzelkämpfer, du brauchst Unterstützer. Ein Aspekt, der in der Theorie eigentlich selbstverständlich ist, in der Praxis aber erfahrungsgemäß unterschätzt wird.

Du brauchst ein Team, das mit dir zusammen den im Start-up-Thinking beschriebenen Prozess betreibt und die Idee bis zum unternehmerischen Konzept umsetzt. Du brauchst die Unterstützung deines Chefs oder zumindest seine Zustimmung und Freiräume, um daran zu arbeiten. Und du brauchst ein Netzwerk im Unternehmen, das dir den nötigen Rückhalt gibt, damit du auch die Kollegen und Führungskräfte überzeugst, die mit Intrapreneurship und Innovationsprojekten im Moment noch nicht so viel anfangen können.

Gibt es in deinem Unternehmen bereits Strukturen für Innovationsprozesse, ist das ungemein hilfreich und beschleunigt deine Arbeit. In vielen Firmen gibt es heute bereits Menschen, die für Innovationen zuständig sind. Sie heißen »Chief Innovation Officer«, »Innovationsmanager«, »Head of Innovation« oder ähnlich. Das sind nicht unbedingt selbst Innovatoren, aber Leute, die dich dabei unterstützen, einen Innovationsprozess zu managen. Sie können dir Mentoren vermitteln oder selbst dein Mentor sein. Gibt es jemanden in deinem Unternehmen, so wie Alexander Zirl bei der d.velop AG oder Manuel Gerres von der Deutschen Bahn und Matthias Patz von der DB Systel, ist diese Person der erste Ansprechpartner für dich.

Beim Energieversorger RWE und dem zum Konzern gehörenden Beratungsunternehmen Innogy Consulting ist Andrea Kahlenberg für solche Transformationsprozesse zuständig und gründete vor zwei Jahren das interne Startup LRN LAB. Sie sagt: »Die wirklichen Intrapreneure brauchen kein Intrapreneurship-Programm.« Andrea muss es wissen, denn sie ist eigentlich ihr ganzes bisheriges Arbeitsleben lang Intrapreneurin gewesen. In ihrem ersten Job baute sie das Office einer Hilfsorganisation im Kosovo auf, war dann bei RWE zuständig für Change-Prozesse und maßgeblich am Aufbau von Innogy Consulting und dem LRN LAB beteiligt. Auch ihre Jobs im Konzern hat sie sich also jeweils selbst mit aufgebaut. Sie ist ein wunderbares Beispiel dafür, dass man auch ohne Innovationsprogramm in einem Unternehmen als Intrapreneur aktiv werden und etwas bewegen kann – auch im Sinne der Art, wie dort gearbeitet wird.

Wenn du das vorhast, stellen sich dir allerdings Fragen: Wen brauchst du in deinem Team? Wie und wann holst du deinen Chef ins Boot? Und wer sind die wichtigen Leute im Unternehmen, die du mitnehmen musst? Wo findest du eine Tür, die du öffnen kannst? Wo rennst du vielleicht sogar offene Türen ein?

Auf diese Fragen gibt es natürlich keine Standardantworten. Zu viel hängt davon ab, in welchem Unternehmen du arbeitest, wie smart es bereits ist und wo die Chefs und Kollegen auf der Kurve des Innovationsgesetzes stehen. Wahrscheinlich hast du ein paar Buddys, die ähnlich ticken wie du, die zu Innovationen eine ähnliche Haltung haben wie du, und mit denen du sowieso in der Mittagspause abhängst und dich auch über Business-Themen unterhältst. Sie gehören sicher zu denen, die dir wertvolles Feedback geben können. Aber sie sind möglicherweise nicht diejenigen mit den Kompetenzen, die du für die Umsetzung deiner Idee brauchst. Und wahrscheinlich sind sie nicht diejenigen, die über das Projekt entscheiden.

Nur: Woher nimmst du die?

Ein Team für dein Innovationsprojekt zusammenstellen

In welchem Umfang auch immer du deine Idee intern verfolgst – allein wirst du es nicht schaffen. Du brauchst ein Team. Erst ein funktionierendes Team bringt die PS auf die Straße, die ein Unternehmen dir bietet. Bill Gates hat Microsoft nicht allein gebaut, genauso wenig wie Steve Jobs Apple. Sie stehen vorn, sind die Köpfe und sie sind gut im Marketing, aber ohne Team wären weder der Apple I noch MS-DOS entstanden. Eine besondere Fähigkeit von erfolgreichen Unternehmern insbesondere im Startup-Business ist, dass sie es verstehen, gute Leute für ihre Idee und ihr Unternehmen zu begeistern. Das gilt im Kleinen genauso für ein internes Projekt. Wie sollte so ein Team beschaffen sein?

Die idealen Teammitglieder sind zunächst einmal Leute, die genau wie du eine andere Art von Arbeit anstreben und als Angestellte unternehmerisch tätig sein wollen. Vielleicht haben sie sogar schon von Startup-Thinking-Methoden gehört oder interessieren sich zumindest dafür. Natürlich wird dein Team aus Menschen bestehen, die deine Idee gut finden, darin einen Sinn sehen und sich damit identifizieren können. Es sind Menschen, die dich und deine Idee pushen und nicht bremsen. Und, ganz wichtig: die das mitbringen, was dir fehlt.

Um den Startup-Thinking-Prozess zu durchlaufen, braucht es ganz unterschiedliche Kompetenzen. Deswegen ist es so wichtig, deine Kompetenzlücken zu schließen. Ein gut zusammengestelltes Team besteht aus Personen mit unterschiedlichen Erfahrungen und Qualifikationen, die sich gegenseitig ergänzen. Viele Teams sind nämlich zu homogen aufgestellt, vor allem bei »echten« Startups. Das rührt daher, dass sich oft drei Programmierer, drei Techniker oder drei Finanzexperten zusammentun. Sie können mehr oder weniger das Gleiche, beherrschen dafür aber nicht die anderen notwendigen Aufgaben. Deswegen achten bei richtigen Startups die Venture-Capital-Geber auch besonders auf die Zusammensetzung des Gründerteams. Das ist ein ganz entscheidender Faktor bei der Unternehmensbewertung und häufig noch wichtiger als die Geschäftsidee selbst.

Ein wichtiger Rat lautet deshalb: Versuche immer Leute zu finden, die auf ihrem Gebiet mehr Know-how haben und besser sind als du und damit deine Kompetenzen ergänzen.

Welche Kompetenzen für dein unternehmerisches Projekt relevant sind, solltest du dir also genau überlegen. Was bringst du selbst mit? Je nachdem, in welcher Branche du tätig bist und was du vorhast, brauchst du unterschiedliche Leute. Einige Positionen sind allerdings in den meisten Projekten mehr oder weniger gleichermaßen vertreten und notwendig:

- ein Experte, der die technische Seite gut abdeckt, zum Beispiel ein Programmierer, ein Techniker oder ein Entwickler,
- eine oder einer, die oder der das Tagesgeschäft organisiert und
- jemand, der weiß, wie das Unternehmen seine Kunden erreicht und vielleicht direkten Kundenzugang hat, also jemand aus dem Marketing oder dem Vertrieb.

Wahrscheinlich verfügst du selbst über mindestens eine der erforderlichen Kompetenzen, und gleichzeitig bist du der Ideengeber und Anführer.

Auch die optimale Teamgröße hängt natürlich davon ab, was du vorhast. Doch beim Kernteam gibt es eine Faustregel, die sich bewährt hat: Die meisten Gründerteams – ob bei internen Startups oder klassischen Neugründungen – bestehen aus drei Personen. Das hat zum einen die bereits angesprochenen Kompetenzgründe: Technische, organisatorische und vertriebliche Kompetenz braucht es unbedingt. Bei Startups heißen die entsprechenden Job-Titel CTO (Chief Technical Officer), COO (Chief Organisational Officer), und in den meisten Startups bekleidet der Vertriebsexperte, der durch seinen Kontakt zu Kunden und deren Problemen auch häufig externe und interne Kommunikation als Visionär vorantreibt, die Position des CEOs (Chief Executive Officer). Diese Regel ist nicht in Stein gemeißelt, kann dir aber als Anhaltspunkt dienen.

Dass zum Kernteam meistens genau drei Personen gehören, hat auch einen ganz einfachen praktischen Grund: Bei schwierigen Entscheidungen kann es keine Pattsituation geben, selbst wenn es unterschiedliche Ansichten gibt. Das wäre zwar auch bei fünf oder sieben Personen gewährleistet, aber du weißt ja: Je mehr Menschen mitreden, desto länger dauert eine Entscheidung oder sie wird gar nicht getroffen – Stichwort Verantwortungsdiffusion.

Läuft das Projekt und bekommt von der Unternehmensleitung weitere personelle Ressourcen zugestanden, ist es durchaus sinnvoll, das Team zu erweitern. Ich habe bei den Interviews für dieses Buch einige interne Gründer gesprochen, die im Nachhinein feststellten, dass ihr Kernteam mit jeweils nur zwei Personen zu klein war, um wirklich voranzukommen. Sie konnten die Aufgaben nicht bewältigen und scheiterten.

Für ein fortgeschrittenes unternehmerisches Projekt hat sich für das erweiterte Team eine Größe zwischen fünf und sieben Personen etabliert. Das Vorbild sind die sogenannten »Two-Pizza-Teams« bei Amazon. Das bedeutet: Wenn du dein Team in einer Pause mit zwei Pizzas nicht einigermaßen satt bekommst, ist es zu groß.

Manche Teams sind mit zehn bis zwölf Personen auch größer, aber dann wird es sehr schnell dysfunktional. Der Grund ist simpel: Die Kommunikation wird schwieriger, eine gemeinsame Teambesprechung funktioniert nicht mehr reibungslos, es müssen mehrere Sitzungen zum gleichen Thema stattfinden, und am Ende landet man wieder bei den endlosen Meetings, wie sie in der Welt der dummen Arbeit üblich sind und denen du eigentlich entkommen wolltest. Stell dir mal vor, du sitzt mit vier oder fünf Leuten beim Abendessen oder beim Bier an einem Tisch – das ist eine überschaubare Größe, in der richtige Gespräche zwischen allen Anwesenden leicht möglich sind. Und nun vergleiche das mit einer Party. Je größer die Gruppe, desto schwieriger wird es, dich gehaltvoll mit allen Teilnehmern zu unterhalten. Das ist auch der Grund dafür, dass sich auf Partys immer Grüppchen bilden. Im kleineren Team ist die Kommunikation untereinander leichter, schneller und effizienter. Das Team ist beweglicher. Und darauf kommt es bei der neuen Art zu arbeiten an.

Das Team zusammenzustellen ist eine Sache, sie aber zu motivieren und zu halten eine andere. Das schaffst du, wie beschrieben, mit Begeisterung und Leidenschaft und indem du den Sinn dessen, was du vorhast, immer wieder hochhältst. So wie Elon Musk die besten Mitarbeiter mit seiner Vision anlockt, brauchst du als Intrapreneur eine Vision im Kleinen, die du klar vermitteln und visualisieren musst. Ein Teil der Mission kann durchaus sein, die dumme Arbeit endlich zu beenden. Aber versuche auch die positiven Aspekte herauszustellen: Warum ist es erstrebenswert, das konkrete Kundenproblem zu lösen? Was ist das Besondere an der Lösung? Was macht das, was ihr gerade tut, so einzigartig?

Und natürlich solltest du bei der Zusammenarbeit mit anderen daran denken, wie du selbst gern arbeitest. Diese Haltung verhindert, dass du als Teamleader in klassische Muster von

Führungskräfteverhalten fällst, die auf kurz oder lang zur Verdummung der Arbeit führen. Lass also die Leute auf ihrem Gebiet machen, gewähre ihnen Freiräume, rede ihnen nicht ständig in ihre Arbeit hinein, stelle dein Ego zurück. Vertraue ihnen – sie wissen, was sie tun. Deshalb hast du sie schließlich ins Team geholt. Die beste Methode, um herauszufinden, ob du jemandem vertrauen kannst, ist: Vertraue ihnen zuerst.

Deinen Chef ins Boot holen

Eine Frage, die dich zweifellos umtreibt, ist: Wie überzeuge ich meinen Chef von meinem Vorhaben? Manche Menschen haben das Glück, einen coolen Vorgesetzten zu haben, der sie einfach mal machen lässt oder Startup-Spirit in seiner Abteilung sogar aktiv fördert. Andere haben Chefs, die eher konservativ sind und sehr lange brauchen, bis sie sich Neuem gegenüber öffnen. Ein Chef ist immer ein Gatekeeper, der die Tür für dich öffnen oder sie verschlossen halten kann.

So oder so, wenn du eine Idee ernsthaft verfolgen möchtest, musst du irgendwann mit deinem Chef darüber sprechen. Es ist besser, selbst deinen Vorgesetzten zu informieren, als dass er über den Buschfunk durch andere – und damit später als andere – von deiner »Nebenbetätigung« erfährt. Denn das könnte er als Vertrauensbruch empfinden. Und erfahren wird er davon zu hundert Prozent. Außerdem: Du bist ja nicht im Kindergarten. Du bist überzeugt von deiner Idee, und es gibt keinen Grund, Angst zu haben: Angst vor dem Risiko. Angst, dass etwas beim Chef nicht gut ankommt. Angst anzuecken. Angst davor, sich lächerlich zu machen. Das ist Ausdruck der Duckmäuser-Haltung, aber nicht die Haltung eines Intrapreneurs im 21. Jahrhundert. Du willst etwas tun, das im Sinne des Unternehmens ist, und das ist auch gut so. Wenn dein Chef damit ein grundsätzliches Problem hat, dann hat erst einmal grundsätzlich dein Chef ein Problem – nicht du. Es sei denn natürlich, er hat inhaltliche Schwierigkeiten mit deiner Idee und nicht damit, dass du eine hast. In letzterem Fall kann das sogar ausgesprochen wertvoll für dich sein. Ein Chef, der zeitgemäß führt, wird sich über dein Engagement jedenfalls freuen.

Trotzdem ist es ein spannender Moment: Kommt die Idee an? Interessiert sich dein Chef überhaupt dafür, oder bügelt er deine Idee direkt ab? Bekommst du Rückenwind oder musst du musst dir überlegen, wie du mit seinem Widerstand umgehst? Wenn du deine Idee bei deinem Chef öffentlich machst, liegen Motivation und Frust eng beieinander.

Wenn du das Gespräch suchst, solltest du also vorbereitet sein. Wenn du es ernst meinst, musst du das auch demonstrieren – »Ich hab da so 'ne Idee« ist keine sehr überzeugende Ansage. Versetze dich mal in die Lage deines Chefs. Würdest du dir selbst Zeit zur freien Verfügung, finanzielle Mittel und andere Ressourcen zugestehen, wenn du nicht nachvollziehen kannst, worum es wirklich geht oder wenn du nicht einschätzen kannst, ob überhaupt Substanz hinter der Idee steckt? Würdest du dich dann auf der oberen Managementebene für die Idee einsetzen und möglichweise selbst deine Glaubwürdigkeit riskieren?

Wann also ist der richtige Zeitpunkt gekommen, deinen Chef ins Boot zu holen? Sicher noch nicht, wenn du dich mit deinen Lieblingskollegen unverbindlich darüber unterhältst oder nach Feierabend ein paar Stunden an der Idee arbeitest – aber spätestens dann, wenn du deine Idee nicht mehr unter dem Radar weitertreiben kannst. Zum Beispiel, wenn du dir und vielleicht auch schon anderen Freiräume schaffen musst und die Infrastruktur des Unternehmens und seine Ressourcen nutzen möchtest. Wann genau der richtige Zeitpunkt gekommen ist, wirst du wahrscheinlich selbst erkennen. Wenn du unsicher bist, stell dir einmal folgende Fragen:

- Was würde es dir bringen, wenn du mehr Zeit hättest? Entsteht dadurch wirklich ein Mehrwert?
- Was sind die Minimalanforderungen, um die Idee zu verstehen? Hast du sie erfüllt?
- Kannst du deine Idee in wenigen Sätzen innerhalb von einer Minute vermitteln?
- Hast du zumindest einige der Punkte auf dem Business Model Canvas ausgefüllt, damit du Argumente auf deiner Seite hast? Zumindest deine Kernannahmen solltest du überprüft haben.
- Was sagt dein Bauchgefühl?

Im Grunde brauchst du gar keine Angst zu haben, dass du zu früh mit deiner Idee rausgehst. Im Gegenteil, viele Innovatoren sind zu perfektionistisch und wollen, wenn nicht das Produkt, dann doch die Idee »fertig« haben. Das ist aber Quatsch. Erinnere dich an die Startup-Thinking-Methode: Sie zeichnet sich dadurch aus, dass du deine Idee iterativ immer wieder überprüfst und so immer weiterentwickelst. Ein »fertig« gibt es nicht, auch nicht bei der Idee.

Wie wird dein Chef reagieren? Im Grunde gibt es drei Möglichkeiten:

1. Er ist begeistert, will dir sofort helfen und empfiehlt dir, was du tun kannst.
2. Er gibt die Verantwortung an dich zurück, lässt dich aber machen.
3. Er blockiert dich und deine Idee.

Ist dein Chef begeistert, klingt das erst einmal gut. Ist seine Begeisterung zu groß, musst du aufpassen – nicht dass er deine Idee an sich reißen will oder sie in die traditionellen Kanäle des Unternehmens einspeisen möchte. Mach ihm klar, was du machst, wie du es machst, warum du es auf deine Weise als

Intrapreneur tun musst und warum der übliche bürokratische Weg nicht der richtige ist. Versuche schon vorab zu formulieren, wie er dich dabei unterstützen kann, damit du auf diese Frage, die er hoffentlich stellen wird, eine gute Antwort hast.

Der Idealfall ist übrigens Antwort Nummer zwei: Du hast eine Idee. Dein Chef sagt: »Ich weiß nicht recht. Geh mal durchs Unternehmen und sprich darüber. Geh mal zum Vertrieb. Oder geh zum Engineering. Was halten die davon? Dann sehen wir weiter.« Das ist genau das, was du willst. Die Verantwortung bleibt bei dir. Du entscheidest, mit wem du sprichst, du hältst die Fäden in der Hand. Dein Chef lässt dich erst mal machen. Und die Chancen, dass er dich aktiv fördert, wenn du mit positiven Reaktionen zu ihm zurückkommst, stehen nicht schlecht. In Unternehmen mit Intrapreneurship-Programmen läuft das übrigens meist ähnlich. Matthias Patz, Vice President Innovation & New Ventures bei DB Systel GmbH – der Digitalpartner der Deutschen Bahn – hält es genauso, wenn ein Mitarbeiter mit einer Idee auf ihn zukommt. Er gibt ihm die Verantwortung zurück und will zunächst einmal sehen, dass der Ideengeber in der Lage ist, »Follower« zu finden: »Du bist der Treiber, der Intrapreneur deiner Idee, keiner nimmt dir die Idee ab. Entweder du schaffst es, andere dafür zu begeistern, sodass sie auch für die Idee brennen – und dann geht ihr die ersten Schritte zusammen. Oder es macht keiner. Die Verantwortung liegt beim Mitarbeiter. Zeige erst einmal, dass deine Idee für irgendjemanden relevant ist. Auf die nötige Infrastruktur, die wir in Form eines Innovations-Ökosystems mit verschiedenen Angeboten im Unternehmen zur Verfügung stellen, kann der Mitarbeiter dabei natürlich zurückgreifen.«

Der dritte Fall ist der komplizierteste: Dein Chef blockiert. Aber warum tut er das? Wie verhält sich dein Chef als Gatekeeper? Vielleicht hilft es, wenn du ihm seine Rolle spiegelst und klar formulierst, was du vorhast. Möglicherweise ist er sich seiner Gatekeeper-Rolle noch gar nicht so bewusst. Versuche, ihn vom Sinn deines unternehmerischen Projekts und den Vorteilen für das Unternehmen – und damit auch für ihn – zu überzeugen, nach dem Motto: »Unser Unternehmen will doch smart werden und die digitale Transformation meistern. Das ist doch gewünscht. Warum lässt du mich nicht machen? Ich werde dich immer auf dem Laufenden halten und nichts hinter deinem Rücken tun.«

Wenn du bei deinem Vorgesetzten tatsächlich nicht weiterkommst, stellt sich die Frage, was du als Nächstes unternehmen kannst: Gehst du zum Vorgesetzten deines Vorgesetzten, begräbst du deine Idee und machst einfach so weiter mit deinem Job wie bisher, oder gehst du selbst und verlässt das Unternehmen? Alles keine sehr attraktiven Optionen an diesem Punkt. Warum also nicht die vierte wählen, hartnäckig bleiben und weitermachen? Es ist noch nicht viel passiert. Es ist bislang nur eine Person aus dem mittleren Management, die mit deiner Idee nichts anfangen kann – *so what*? Das muss dein Selbstbewusstsein überhaupt nicht trüben. Vielleicht ist eine negative Reaktion auch ein Zeichen, dass du mehr Argumente finden musst.

Ein Beispiel, wie man es schafft, die Hürde namens Chef zu überwinden, hat mir Michael Konder aus der Zeit erzählt, als er bei den Stadtwerken München arbeitete. Michael kam als IT-Projektleiter ins Unternehmen. Seine Motivation war, etwas im Bereich ökologischer Energieversorgung für Endkunden zu entwickeln. Anfangs war er in SAP-Projekten tätig. Nach kurzer Zeit kam ihm eine Idee, wie man mithilfe eines auf SAP basierenden Produkts im Bereich erneuerbare Energien sowohl interne Prozesse verbessern als auch neue Endkundenprodukte entwickeln kann. Da es eine solche Lösung noch nicht gab, wollte er die Idee zusammen mit zwei Kollegen von den Stadtwerken und SAP umsetzen. Das Ziel war, am Ende auch an Lizenzerlösen von SAP zu partizipieren.

Sein direkter Chef war zwar an Innovationen nicht wirklich interessiert, wollte ihn aber machen lassen, solange er seinen eigentlichen Job gut erledigte. Also stellte Michael seine Produktidee dem fachlich verantwortlichen Bereichsleiter vor. Die Reaktion war negativ, der Bereichsleiter kam mit typischen Killerphrasen um die Ecke: »Das Produkt braucht doch eigentlich niemand. Außerdem ist es zu teuer. Das sollen mal lieber andere machen.« Das war im ersten Moment deprimierend, aber Michael ließ sich davon nicht entmutigen. Er fand die Idee einfach gut und wollte sie nicht beerdigen, nur weil sie einem Bereichsleiter nicht gefiel. Ohne weiter zu fragen oder sich eine Erlaubnis zu holen, ging er auf eigene Faust auf den Key-Accounter von SAP zu, der den Kontakt zu einigen Mitarbeitern herstellte, die mit den Stadtwerken zusammenarbeiteten. So konnte sich Michael direkt ein Feedback einholen. Die Leute von SAP waren von seiner Idee begeistert. Einige hatten direkt Lust mitzumachen, und das Projekt kam ins Laufen.

Mit diesen Unterstützern im Rücken ging Michael wieder auf den Bereichsleiter zu und verkaufte die Idee neu: »Hör zu, das ist ein spannendes Produkt, und schau mal, wer da alles von SAP dabei ist. Sie würden die Idee gern mit uns weitertreiben. Wir wären als Stadtwerke München ganz vorn mit dabei. Wollen wir das nicht machen?« Die SAP-Mitarbeiter hatten ihm einige Tipps gegeben. Sie hatten ihm erklärt, was Chefs auf der mittleren Managementebene gern hören. Michael zeigte dem Bereichsleiter, wie er selbst profitieren könnte, wenn das Projekt gut läuft. Der Bereich würde als innovativ gelten, der Leiter könnte Vorträge beim Dachverband der Energieversorger halten, und so weiter – es ging ums Prestige. Und es ging darum, dass andere die Idee gut fanden. Nach dem Motto: Was viele gut finden, kann ja so falsch nicht sein.

Außerdem hatten Michael und die SAP-Kontakte inzwischen ein unternehmerisches Konzept entwickelt, also auch etwas

Handfestes vorzuweisen. Ein Argument zog besonders: Das Projekt würde die Stadtwerke kaum Geld kosten. Michael und ein Kollege müssten lediglich einige Male nach Walldorf zu SAP reisen, um am Produkt zu arbeiten. Würde die Sache gut laufen, könnten die Stadtwerke damit richtig Geld verdienen. Und so war es auf einmal ganz leicht, den Bereichsleiter zu überzeugen. Die Argumente auf der geschäftlichen und auf der persönlichen Ebene triggerten ihn – und Michael und die Unterstützer von SAP entwickelten das Produkt.

Leider hat diese Geschichte kein Happy End. Die Stadtwerke führten das Produkt lange nicht ein und verpassten dadurch die Chance, als Modellkunde am Erfolg zu partizipieren. Es gab lange zermürbende Diskussionen und politische Scheingefechte, bis Michael schließlich die Lust verlor und sich innerhalb der Stadtwerke München beruflich neu orientierte. Er wechselte in einen neuen Geschäftsführungsbereich und übernahm dort die Verantwortung für den Aufbau neuer, digitaler Geschäftsmodelle für Endkunden, unter anderem im spannenden neuen Feld der Elektromobilität in Verbindung mit Ökostrom. Seine neue Chefin förderte Michaels unternehmerische Aktivitäten aktiv, und er hatte das Gefühl, so in einer besseren Position zu sein, um Innovationen zu entwickeln. Doch die Chefin blieb nicht lange

Bei Michael kamen mehrere interessante Aspekte zusammen: Sein direkter Chef ließ ihn machen – gut. Aber der Bereichsleiter blockierte seine Idee und versagte die Unterstützung – nicht so gut. Michael schaffte es ihn zu überzeugen, indem er sich auf eigene Faust Unterstützer innerhalb und außerhalb der Firma suchte und mit ihnen ein ausgereifteres unternehmerisches Konzept auf die Beine stellte – unter dem Radar und ohne um Erlaubnis zu fragen. Und diese Argumente zogen. Das Beispiel zeigt aber auch, dass es sich irgendwann vielleicht nicht mehr lohnt, sich an einem Chef oder der internen Bürokratie abzuarbeiten. Auch Michael musste nach einiger Zeit vor den Hierarchien und den unterschiedlichen Ansichten bei den Stadtwerken München kapitulieren. Zunächst verließ seine Chefin das Unternehmen und einige Umstrukturierungen später dann auch er.

Andrea Kahlenberg hat bei einigen ihrer Stationen als Intrapreneurin in solchen Fällen ebenfalls Konsequenzen gezogen: »Wenn ein Vorgesetzter unternehmerische Tätigkeiten überhaupt nicht mochte und blockierte, dann habe ich gekündigt. Man kann sich durchaus auch die Zähne ausbeißen. Da muss man vielleicht das Hierarchiesystem anerkennen. Es ist extrem schwer, dem Vorgesetzten in den Rücken zu fallen. Das ist gefährlich und kostet viel Energie. Frag dich: Ist es das wirklich wert? Such dir einen anderen Bereich im Unternehmen, wo du dich kreativ entfalten kannst. Und wenn es den nicht gibt, dann musst du wechseln.«

Gibt es in deinem Unternehmen überhaupt keine offenen Türen, auch nicht für andere interessante Tätigkeiten, dann versauerst du auf Dauer. Dann bleibt dir die Wahl, die Idee unabhängig vom Unternehmen zu verfolgen, etwa indem du dir eine Nebentätigkeit genehmigen lässt und sie – falls möglich – als 4-Stunden-Startup umsetzt. Oder du bringst dich in einer anderen Firma ein, die wirklich smart werden möchte.

Michael Konder hatte damals das Glück, erst innerhalb der Stadtwerke-Gruppe eine neue Position zu finden. Und als ihm die politischen Spielchen zu viel wurden, wechselte er zu einem Unternehmen, das Intrapreneurship mehr schätzt. Heute ist er Innovation Manager E-Mobility bei der Sonnen GmbH im Oberallgäu, einem Unternehmen, das selbst erst vor ein paar Jahren als Startup begonnen hatte. Aber was heißt »Glück« – ohne seine unternehmerische Haltung, ohne seinen Mut, auf eigene Faust einfach sein Ding zu machen, hätte er von dieser Möglichkeit wahrscheinlich nie erfahren oder hätte die Stelle auch nicht bekommen. Michael sagt selbst, dass es viele Leute mit vielen guten Ideen gibt. Aber es gibt nur wenige, die auch den Drive haben, anzupacken und auf eigene Faust etwas komplett Neues auf die Beine zu stellen. Es gibt dafür keine Stellenbeschreibung – man muss sich diese Möglichkeit selbst eröffnen und es einfach durchziehen. Wer sich davon nicht abschrecken lässt, dem öffnen sich Türen, die anderen für immer verschlossen bleiben.

Weitere Unterstützer finden und ein Netzwerk aufbauen

Dein Team und dein Chef sind nicht die einzigen Menschen, die für dein unternehmerisches Projekt wichtig sind. Du kommst als Intrapreneur nicht drum herum, dir ein Netzwerk aufzubauen, denn du brauchst Unterstützer auf allen Ebenen. Auch in Bereichen, an die du im ersten Moment vielleicht gar nicht denkst. Zum Beispiel: Wenn du eine neue Idee hast, muss irgendjemand prüfen, ob es diese Idee vielleicht bereits genau so schon gibt. Ist dafür vielleicht schon ein Patent angemeldet? Das hätte einen enormen Einfluss darauf, ob daraus ein unternehmerisches Konzept entstehen kann. Denn du willst ja nicht, dass du etwas für die Tonne entwickelst. Zum Glück bist du in einem Unternehmen angestellt, da kann dir der Hausjurist oder vielleicht sogar ein Patentanwalt helfen. Um solche oder andere Fragen zu klären, musst du entweder sehr viel selbst recherchieren – oder kompetente Unterstützer finden. Die müssen aber nicht immer Teil deines Kernteams sein.

Denk einmal darüber nach, welche Menschen du auf deine Seite ziehen musst, um das Projekt erfolgreich weiterverfolgen zu können. Dazu zählen neben deinem Chef, anderen Führungskräften und potenziellen Teammitgliedern auch Experten, zu denen du gehen kannst, wenn du und dein Team bei einer Spezialfrage nicht weiterkommen und du eine Expertise brauchst. Dazu gehören auch Leute, die dich kritisch begleiten und dir auch mal unbequeme Fragen stellen. Eigentlich alle, die direkt oder indirekt mit dem Projekt zu tun haben könnten. Das könnten auch Kunden, Zulieferer oder andere Externe sein, wie zum Beispiel die SAP-Leute bei Michael Konder. Vergessen darfst du nicht die wichtigen Meinungsführer und Multiplikatoren im Unternehmen, die Stimmung für oder gegen dich und dein Projekt machen können. Konzernpolitik und Machtspielchen sind zwar im Grunde nur Theater, aber um es langfristig abzuschaffen, musst du es verstehen und idealerweise ein Stück weit steuern können.

Wer aber sind diese wichtigen Leute, und wo findest du sie? Für diese Überlegungen empfiehlt Andrea Kahlenberg, eine persönliche »Stakeholder Map« anzulegen. Sie visualisiert die Akteure im Unternehmen und ihre Beziehungen untereinander, die in einem direkten oder indirekten Zusammenhang mit deiner Idee stehen.

Um eine solche Stakeholder-Map anzulegen, brauchst du eigentlich nur Post-its, einen Flipchart oder die Büro-Wand – und eine Stunde Zeit. Notiere jede relevante Person, die dir einfällt, und ihre derzeitige Position im Unternehmen. Sortiere die Namen dann danach, warum sie wichtig sind: Handelt es sich um ein potenzielles Teammitglied? Ist jemand direkt von deiner Arbeit betroffen? Kommt jemand als interner Sponsor infrage, um deine Idee zu unterstützen? Brauchst du jemanden, um Zugang zu Kunden oder externen Experten zu bekommen? Und so weiter.

Stelle dann ein Ranking auf, wer wie wichtig für den Erfolg deines Projekts ist und wo die Personen auf der Kurve des Innovationsgesetzes stehen. Genauer gesagt: Wo stehen die *wichtigen* Personen auf der Kurve? Du bist einer, der richtig Bock auf Unternehmertum im Unternehmen hat, du bist weit vorne. Aber mach dir auch mal Gedanken darüber, dass es viele Kollegen neben dir gibt, die eine andere Haltung haben, auf der Innovationskurve eher hinten stehen und vielleicht sagen oder denken: »Lass mich doch in Ruhe mit dem neumodischen Scheiß.« Einen Zukunftsverweigerer oder Bewahrer des Status quo wirst du kaum sofort begeistern können. Mehr Chancen hast du bei Kollegen, die fortschrittlich denken und die Notwendigkeit für Innovationen verstanden haben. Bei den wenigen »Verrückten« in deiner Firma wirst du ohnehin offene Türen einrennen.

Überlege dann, wie die Beziehungen dieser Menschen zueinander aussehen: Gibt es offizielle oder informelle Koalitionen und Abhängigkeiten? Gibt es Interessenkonflikte oder Gemeinsamkeiten? So kannst du herausfinden, ob du jemanden, zu dem du gar keinen Kontakt oder einen schlechten Draht hast, indirekt über andere erreichst (wie z. B. den Betriebsrat in Abb. 7).

Wenn du die wichtigen Leute im Unternehmen identifiziert hast, geht es darum, sie anzusprechen und zu überzeugen. Das fällt dir natürlich leichter, wenn du schon länger in deiner Firma bist. Dann hast du dir ein gewisses Standing erarbeitet und deine Ideen werden eher gehört. Doch ob etablierter Mitarbeiter oder Neuling – willst du andere für deine Idee begeistern, dann brauchst du eine Vision davon, was du erreichen willst. So wie bei den Firmen Elon Musk, obwohl du natürlich nicht gleich interstellares Leben als Vision ausgeben musst. Was so eine Vision sein kann, hat Antoine de Saint-Exupéry, der Autor von *Der kleine Prinz* in seinem bekanntesten Werk treffend beschrieben – wenn auch nicht im Zusammenhang mit Intrapreneurship: »Wenn du ein Schiff bauen willst, dann trommle nicht Männer zusammen, um Holz zu beschaffen, Aufgaben zu vergeben und die Arbeit einzuteilen, sondern lehre sie die Sehnsucht nach dem weiten, endlosen Meer.« Du musst vermitteln können, was du vorhast, warum es wichtig ist und welche Rolle die Menschen, die du ansprichst, dabei spielen. Dann ist es

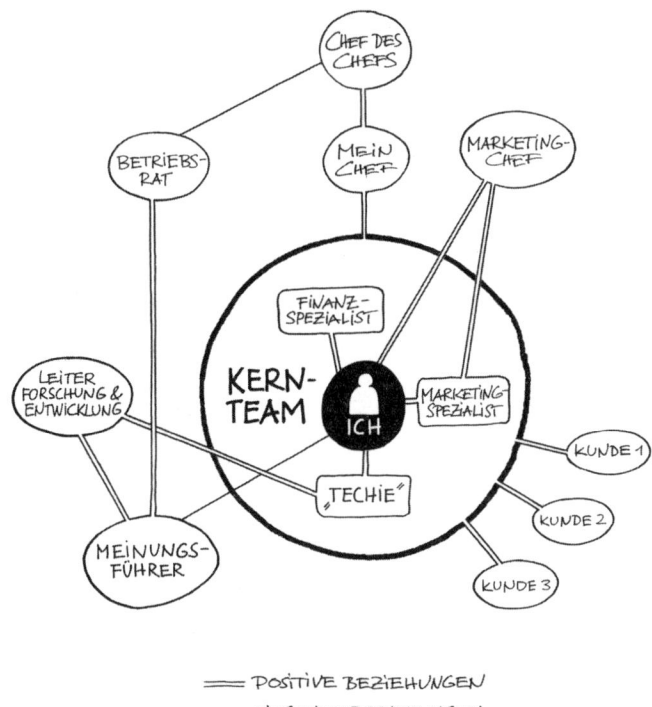

=== POSITIVE BEZIEHUNGEN
—— NEGATIVE BEZIEHUNGEN

Abbildung 7: Beispiel für eine »Stakeholder Map«

leichter, sie in Face-to-Face-Gesprächen um ihre Meinung zu bitten, dir weiteren Input einzuholen, sie einzubeziehen und möglicherweise für das Projekt ins Boot zu holen.

Schluss mit dem Business-Theater

Zur Haltung eines Intrapreneurs gehört es also auch, die Idee im Unternehmen aktiv zu »verkaufen«, dafür zu werben und die richtigen Unterstützer zu finden. Das kann manchmal auch ziemlich nervig sein, aber es ist unvermeidlich. Michael Konder hat mir dazu gesagt: »Die Menschen, die für eine Idee brennen, brennen selten für Konzernpolitik. Ohne Politik hat man aber keine Chance. Konzerne haben Abwehrkräfte, um diejenigen mit den neuen Ideen wieder loszuwerden.« Damit hat er leider recht. Als angestellter Intrapreneur bist du eben Teil eines Systems. Du befindest dich in einem Beziehungsgeflecht, das von Machtstrukturen, unterschiedlichen Interessen und mitunter von persönlichen Animositäten geprägt ist. Es geht nicht immer um die Sache selbst, sondern leider oft genug um Befindlichkeiten.

Stell dir mal vor, du hast eine Idee und bist voller Enthusiasmus dabei, sie im Unternehmen öffentlich zu machen, um Unterstützer zu finden. Doch ein Kollege, ungefähr so alt wie du, eigentlich ein ganz netter Typ, wird auf einmal ungenießbar, als er das beobachtet. Warum? Weil er schon fünf Jahre länger im Unternehmen ist als du und es ihm nicht gefällt, dass du vorpreschst und ihn vielleicht überholst. Weil er schon länger Teil des Systems ist. Das klingt absurd? Total, und gut, dass du das so siehst. Aber es ist in vielen Firmen eben auch Realität. Je größer das Unternehmen, desto mehr solcher absurden Phänomene gibt es. Sie sind Teil der dummen Arbeit.

Du willst das alles eigentlich hinter dir lassen, aber auf dem Weg dorthin musst du dich gerade so weit auf das Spiel einlassen, wie es erforderlich ist, um etwas zu verändern. Du musst die Regeln kennen, um sie Stück für Stück auszuweiten und manchmal auch zu brechen. Genau das ist dein Ziel: die Regeln der dummen Arbeit immer weiter in Richtung Freiheit verschieben, die Grenzen der Organisation ausweiten, das Business-Theater Stück für Stück abschaffen – und andere auf deine Seite ziehen. Andrea Kahlenberg hat dieses Spiel so auf den Punkt gebracht: »Du musst die Systemregeln einhalten, aber nur so weit, wie es nötig ist. Reize die Regeln maximal aus.«

Das ist eine bewusste Entscheidung und erfordert Mut. Manchmal musst du ein kalkuliertes Risiko eingehen, um die Grenzen zu verschieben. Das erste Gebot von Gifford Pinchot, dem »Erfinder« von Intrapreneurship, lautet: »Gehe jeden Tag zur Arbeit mit der Bereitschaft, gefeuert zu werden.« Ich kann dich beruhigen: Viele der Leute, die ich für dieses Buch interviewt habe, sprachen diesen Punkt an. Sie haben immer wieder versucht, das System der dummen Arbeit zu untergraben. Und keiner wurde gefeuert, im Gegenteil: Sie alle haben davon profitiert. Es hat sich eben doch einiges verändert in den letzten 35 Jahren, seit Mr Pinchot seine Gebote aufgestellt hat. Obwohl, es wäre ja eigentlich schon ganz spannend, im eigenen Unternehmen die Revolution auszurufen. Was hast du schon zu verlieren? Nur die dumme Arbeit.

Beteiligung, Bonus, Shares – denk auch mal an dich!

Was passiert eigentlich, wenn deine unternehmerische Idee richtig durchstartet und dein Unternehmen ein sehr erfolgreiches Geschäft damit betreibt? Was hast du dann davon – außer dass die Arbeit besser und spannender wird und du das gute Gefühl mitnimmst, etwas selbst auf die Beine gestellt zu haben? Du ahnst, worauf ich hinauswill: Ich meine den finanziellen Aspekt, Zahlemann und Söhne. Partizipierst du an einem möglichen Erfolg deines Unternehmens, etwa in Form einer finanziellen Beteiligung, in Form von Anteilen an einer ausgegründeten Gesellschaft, oder gibt es andere Varianten?

Einen Anspruch auf eine Beteiligung hast du als Arbeitnehmer nicht automatisch. In den meisten Arbeitsverträgen steht, dass alles, was du als Angestellter erschaffst, der Firma gehört. Das Urheberrecht zum geistigen Eigentum steht dann aufseiten des Unternehmens.

Wenn du also eine Idee hast: Überlege dir am besten, bevor du den Schritt in die Unternehmensöffentlichkeit wagst und sie bei Vorgesetzten oder bei der Unternehmensleitung einreichst, wie du diesen Punkt angehen willst. In den allermeisten Unternehmen gibt es keine feste Regel dafür. Alle Arten von Gesprächspartnern, die ich für dieses Buch interviewt habe, wiesen gleichermaßen auf dieses Problem hin: dass Angestellte sich die Frage nach Unternehmensanteilen oder anderen Formen der Beteiligung viel zu spät gestellt hatten. Innovationsmanager, die als Mittler zwischen Unternehmensleitung und Angestellten beide Seiten verstehen und sich eine formale, transparente Regelung für alle Unternehmen wünschen, die Innovationsprogramme aufsetzen, Wettbewerbe ausrufen oder interne Startups gründen. Und selbst die meisten Führungskräfte und Unternehmer sahen die Notwendigkeit, diese offene Frage zu klären, die zu viel Ärger und Irritationen führen kann. Wenn ich sie gefragt habe, wie in ihrem Unternehmen die Frage nach Mitarbeiterbeteiligung geregelt sei, antworteten 95 Prozent: »Eine Beteiligung ist prinzipiell möglich. Aber wir betrachten das von Fall zu Fall. Ja, in Zukunft wollen wir dafür eine Regelung finden.« Die meisten Chefs gehen diese Frage nicht aktiv an. Sie warten darauf, dass die Mitarbeiter damit auf sie zukommen.

Auch wenn du mit deinen Chefs und der obersten Führungsebene im Moment bestens klarkommst – die Haltung »das werden wir schon irgendwie hinbekommen« ist nicht zielführend, weil nicht konkret. Bei Geld, du kennst das Sprichwort, hört die Freundschaft auf. Auch wenn dir unverbindlich versprochen wird, dass sich schon eine Lösung finden wird – gib dich damit nicht zufrieden. Chefs sind ja gut im unverbindlichen Versprechen. Wenn ein Projekt erst einmal wirklich abgeht, kann es schon fast zu spät sein. Die Interessen von Shareholdern können einer Beteiligung im Wege stehen, Unternehmensrichtlinien können eine Anteilsübertragung verhindern – oder die Bonusregelung irgendeines Vorgesetzten verhindert, dass er grünes Licht für eine Beteiligung der Mitarbeiter gibt, wenn sein Bonus dadurch in Gefahr geraten könnte.

Bei aller Leidenschaft, mit der du in einem Projekt steckst – vergiss nicht, die Frage nach einer Beteiligung bei den Verantwortlichen im Unternehmen anzusprechen und zu klären, am besten auf der höchstmöglichen Ebene. Denn wenn ein unternehmerisches Projekt funktioniert und skaliert, kann es plötzlich um sehr, sehr viel Geld gehen. Je früher du das tust, desto bessere Karten hast du – denn dann ist noch nicht abzusehen, ob deine Idee zündet oder ob sie, wie die meisten, scheitert. Die Bereitschaft, dir etwas zuzugestehen, wird im frühen Stadium wahrscheinlich höher sein.

Mach dir also klar, wie stark du unternehmerisch beteiligt werden willst. Willst du eine Beteiligung, wenn aus deiner Idee irgendwann ein eigenständiges Startup entsteht? Legst du Wert auf Bonuszahlungen? Sei bei deinen Forderungen aber realistisch. Klar, du solltest als Ideengeber oder Projektverantwortlicher mehr partizipieren, als dass du einfach unverändert weiter dein sicheres Gehalt bekommst. Auf der anderen Seite gehst du nicht ins Risiko wie ein selbstständiger Gründer und kannst auch im Erfolgsfall nicht erwarten, im selben Maße zu partizipieren wie ein solcher. Tom Van den Brulle von der Munich Re hat es so ausgedrückt: »Wenn du als Angestellter mit einem unternehmerischen Projekt scheiterst, fällst du relativ weich. Du stehst nicht da und hast gar nichts mehr wie bei einem klassischen Startup. Und wenn das Ding richtig durch die Decke geht, dann wirst du zwar nicht sehr reich werden, aber ein bisschen reich.« Eine frühzeitige Regelung kann dir dabei helfen.

Bevor du diesen schwierigen Aspekt von Intrapreneurship besprichst, mach dir am besten noch einmal klar, was du alles für das Unternehmen tust: mit deiner Geschäftsidee und mit deiner informellen Tätigkeit als Transformator. Du bist wichtig für dein Unternehmen, wenn es smart werden und auch in Zukunft erfolgreich sein will. Und deshalb hast du auch verdient, dass dein Engagement belohnt wird!

Hallo, Chef

Als Führungskraft kommt dir eine besondere Rolle zu, wenn du dein Unternehmen transformieren willst, wenn du Innovation fördern willst und wenn du die dumme Arbeit beenden möchtest, damit deine Mitarbeiter auch in Zukunft gern zur Arbeit kommen, engagierter sind, kreativer sind, sich (noch) mehr mit der Firma identifizieren und mehr leisten. Die digitale Transformation muss Chefsache sein. Denn als Chef musst du dir darüber im Klaren sein, dass du als Gatekeeper fungierst. Du bist der erste Ansprechpartner für deine Mitarbeiter, wenn diese neue Ideen haben und nicht wissen, wie sie damit weiter vorgehen sollen. In einer solchen Situation ist die Führungskraft nicht mehr der Boss, sondern der Coach und Mentor. Sie stellt als Geldgeber Budgets bereit. Sie öffnet die Schranken und wird zum Ermöglicher.

Es geht deshalb nicht in erster Linie darum, die Idee des Mitarbeiters mit der Schablone zu prüfen, zu bewerten und darüber zu diskutieren – sondern darum, dem Mitarbeiter zu ermöglichen, die Idee auszuarbeiten und selbst zu testen. Er oder sie braucht nur das Handwerkszeug und die Freiheit, das zu tun. Auf diese Weise zeigst du als Führungskraft, dass du deine Mitarbeiter ernst nimmst und ihnen auf Augenhöhe begegnest. Du stärkst den Menschen und damit seine Leistungsfähigkeit.

Alex Goryachev, Senior Director of Innovation Strategy and Programs bei Cisco, drückte es in einem Beitrag für das Nachrichtenportal *TechCrunch* so aus: »Am wichtigsten ist es, sich auf den Innovator zu fokussieren, nicht auf die Innovation. Das bedeutet, eine Umgebung zu kultivieren, wo der Mitarbeiter ermächtigt wird, seinen Traum zu verwirklichen.« Gelingt das, wird die Führungskraft auch zum Sinnstifter, was in einer Zeit tiefgreifender gesellschaftlicher und ökonomischer Veränderungen immer wichtiger wird.

Unternehmertum im Unternehmen ist möglich, wenn Führungskräfte ihre Gatekeeper-Rolle verantwortungsvoll anerkennen und Mitarbeiter die »Einfach mal machen«-Haltung von Startups leben dürfen – trotz und innerhalb aller Erfordernisse, die ein Unternehmen nun einmal hat.

Wie bekommst du diesen Startup-Spirit in dein Unternehmen? Zunächst einmal, indem du die »Verrückten« mit den neuen Ideen förderst. Setze auf die, die das Unternehmen verändern möchten. Betrachte sie nicht als Gefahr für den Unternehmensfrieden. Ja, sie nerven manchmal, und nicht alle ihre Ideen sind zu gebrauchen. Aber sie sind unverzichtbar, um das Unternehmen zu transformieren. Finden sie die richtigen Bedingungen vor, werden aus den Verrückten echte Intrapreneure mit unternehmerischen Qualitäten. Du als Führungskraft kannst diese Bedingungen und die offene Atmosphäre schaffen, in der ihre Kreativität produktiv wird. Was bedeutet das konkret?

Unterstützung für die »positiv Verrückten«

Zeige deinen Mitarbeitern, dass ihre unternehmerischen Ideen erwünscht sind. Es ist wichtig, dass die Angestellten sich überhaupt trauen, Ideen vorzuschlagen. Ermutige sie, auch wenn viele ihrer Vorschläge vielleicht nicht geeignet sind, sie weiterzuführen. Jeder sollte jederzeit mit einer Idee zu dir kommen können, egal ob es sich um ein 100-Millionen-Euro-Projekt handelt oder um eine viel kleinere Hausnummer.

Erlaube deinen Mitarbeitern, auch abseits der etablierten Strukturen unternehmerisch tätig zu werden. Ermögliche schnelle, unbürokratische Entscheidungen und kontrolliere nicht ständig ihr Vorgehen. Gewähre ihnen einen Vertrauensvorschuss. Intrapreneure sind erwachsene Menschen, die fähig sind, selbst Entscheidungen im Sinne des Unternehmens zu treffen. Gehe auf die Bedürfnisse und Vorschläge deiner Angestellten ein. Wenn du willst, dass sich Erwachsene wie Erwachsene verhalten, dann behandle sie wie Erwachsene.

Unterstütze die Intrapreneure mit Zugang zu Ressourcen. Hilf ihnen mit deinen Kontakten, etwa zu anderen Abteilungen, und stelle ihnen finanzielle Mittel in begrenztem Rahmen zur Verfügung, wenn sie sie brauchen. Manchmal sind nicht mehr als ein paar Hundert Euro nötig, um eine Idee vorzustellen, einen Prototypen zu bauen und zu testen.

Und noch etwas: Werbe im Unternehmen für die guten Ideen deiner Mitarbeiter. Organisiere ihnen breite Unterstützung, auch durch andere Abteilungen. Und schaffe Strukturen, die das Entstehen von Ideen beschleunigen, zum Beispiel Intrapreneurship-Programme, Innovation Labs, Wettbewerbe oder Ähnliches.

Transparenz ist die Voraussetzung für Ownership

Damit die Mitarbeiter ihre unternehmerischen Qualitäten ausspielen können, müssen sie verstehen, was das Unternehmen in Zukunft vorhat und auch die Gründe dafür kennen. Ownership ist keine Einbahnstraße. Ohne Kenntnis der Strategie, ohne Wissen um die geplanten Schritte auf dem Weg zu den strategischen Zielen, können die Mitarbeiter auch keine Verantwortung dafür übernehmen und schon gar nicht zu Ownern werden. Um dein Unternehmen smart zu machen, musst du also zwingend alle relevanten Business-Informationen mit den Mitarbeitern teilen. Das beschränkt sich nicht nur auf aktuelle Umsatzzahlen oder Verkaufsziele, sondern umfasst auch strategische Ziele. Willst du dein Unternehmen transformieren, erläutere genau, warum du das willst. Entwirf eine Vision und vermittle sie allen Mitarbeitern. Nur wer dabei nicht ausgeschlossen wird, kann aktiv daran mitwirken, dein Geschäft auch in Zukunft erfolgreich zu gestalten.

Fehlertoleranz

Warum gibt es in Deutschland eigentlich keine Firma wie Google? Wahrscheinlich hat es viel mit der Fehlerkultur zu tun. Darunter wird hierzulande vor allem verstanden, dass man keine Fehler machen darf und dass Fehler bestraft werden. Fehler werden als persönliches Versagen angesehen. Ja, auch heute noch! Dieser Umgang mit Fehlern blockiert Kreativität und damit auch Innovation. Deswegen braucht es auch in deinem Unternehmen eine andere Fehlerkultur: Niemand darf dafür bestraft werden, wenn eine neue Idee nicht funktioniert, und schon gar nicht darf dafür jemand seinen Job verlieren. Scheitern ist erlaubt und erwünscht, denn ohne Scheitern und Fehler gibt es auch keine Innovation. »Wir scheitern regelmäßig, es ist ja kein Experiment, wenn man den Ausgang vorher schon kennt«, so wird Jeff Wilke, CEO Worldwide Consumer bei Amazon, in einem Beitrag des *Handelsblatt* zitiert.

Das anzuerkennen fällt vielen schwer, vor allem im Mittelmanagement. Dazu ein kurzes Beispiel: Der Vorstand eines großen Handelsunternehmens schickte seine Topmanager zu einer internen »FuckUp Night« nach Berlin. Dort erzählen normalerweise Unternehmer – sehr häufig Gründer von Startups – von ihrem Scheitern und den Lehren, die sie daraus gezogen haben. Die Manager des Handelsriesen sollten dort lernen, anderen von ihren Fehlern zu erzählen, um vom Erfahrungsaustausch zu profitieren und in der Lage zu sein, die neue Fehlerkultur im Unternehmen vorzuleben.

Was glaubst du, was passierte? Einige Manager stellten sich vor versammelter Mannschaft und den Fehler-erfahrenen Startup-Gründern hin und behaupteten, sie würden nie Fehler machen. Ein anderer »gestand«, er hätte im letzten Jahr sein Kostenbudget um ein halbes Prozent überschritten: »Ja, das war ein Fehler, *shame on me*.« Keiner traute sich, vor den Kollegen, die auf der gleichen Hierarchiestufe standen, wirkliche Fehler zuzugeben. Jeder wollte stark und unfehlbar dastehen.

Nach dieser erfolglosen Rederunde ging schließlich der Vorstand selbst, also der Vorgesetzte der Manager, auf die Bühne und legte los: »Wisst ihr, was mein größter Fehler war? Als ich angetreten bin, hätte ich fast unsere Firma ruiniert. Ich hatte eine Idee, die ich unbedingt umsetzen wollte, und habe dabei den Blick auf unsere Kunden komplett verloren.« Zur Illustration zeigte er den Umsatzeinbruch in den ersten beiden Jahren seiner Zeit als Vorstand und nahm die Schuld auf sich. Es sei letztlich nur Glück gewesen, dass das Unternehmen den Turnaround geschafft hat, sagte er.

Du ahnst, was dann passierte. Auch die Manager trauten sich nach diesem starken Statement endlich, Fehler zuzugeben. »Ach, da fällt mir jetzt doch etwas ein ...«

Das Beispiel macht vor allem deutlich, dass der sinnhafte Umgang mit Fehlern – vom Vorstand über das Top-Management bis ins Mittelmanagement und zu den Abteilungsleitern – durchgehend unterstützt und vorgelebt werden muss, damit auch die Angestellten dazu bereit sind, offen und konstruktiv mit Fehlern umzugehen. Und das betrifft nicht nur die Fehlerkultur, sondern die Unternehmenskultur insgesamt.

Übrigens: Die meisten erfolgreichen Menschen schämen sich

nicht für ihre Fehler. Sie geben zu, dass sie ein oder mehrere Projekte an die Wand gefahren haben und empfinden dieses Scheitern als eine Quelle des Lernens. Dabei hört man immer wieder: Fehler sind okay. Nicht okay ist, denselben Fehler zweimal zu machen. Oder anders ausgedrückt: Fehler sind in Ordnung, solange sie das Unternehmen stärken und nicht schwächen.

Eine vertrauensvolle Atmosphäre schaffen

Nur wenn du deinen Mitarbeitern vertraust, können diese sich entfalten und ihr ganzes Können für das Unternehmen einsetzen. Denn Vertrauen wird zurückgezahlt. Ohne Vertrauensvorschuss geht das nicht.

Ursula Schütze-Kreilkamp, verantwortlich für die Führungskräfte der Deutschen Bahn, hat mit Vertrauen gute Erfahrungen gemacht: »Wenn wir Menschen viel Zutrauen und eine Atmosphäre von Unbefangenheit und Angstfreiheit kreieren, wenn wir die Mitarbeiter mit unserer Neugier und Unternehmenslust anstecken, dann habe ich erlebt, dass auch aus scheinbar uninspirierten Menschen auf einmal Innovatoren wurden. Sie können regelrecht aufblühen. Wie erreichen wir das? Vor allem durch Kultur: weniger Angst, weniger Hierarchie, mehr Respekt und mehr Vertrauen. Dann gibt es keine Hürden.«

In einer vertrauensvollen Atmosphäre können auch die Mitarbeiter über sich hinauswachsen, die auf der Kurve des Innovationsgesetzes nicht ganz vorn einzuordnen sind. Bei der Deutschen Bahn gibt es ja nicht 320.000 Innovatoren. Und doch gibt es einige unter den Pragmatikern, die ihre unternehmerische Ader entdecken, wenn sie Vertrauen spüren. Eine Kultur von Anweisung und Kontrolle fördert Dienst nach Vorschrift; eine Kultur des Vertrauens fördert den Startup-Spirit, unternehmerische Aktivitäten und Innovationen.

Bei aller Förderung der Innovatoren vergiss aber auch nicht diejenigen, die auf der Innovationskurve hinten stehen. Zeige ganz klar, welchen Weg du und das Unternehmen gehen wollt, auch gegenüber den Bewahrern und Verhinderern. Versuche diese zu verstehen – Stichwort Empathie – und ihre Ängste aufzulösen.

Schau dir auch noch einmal an, wo du selbst auf der Kurve stehst, und sei dabei ehrlich mit dir selbst. Viele meiner Gesprächspartner aus großen Unternehmen wie auch aus dem Mittelstand haben einhellig gesagt: Häufig ist es das Mittelmanagement, das sich Neuerungen gegenüber skeptisch zeigt. Das Mittelmanagement sei mit Privilegien ausgestattet und wehre sich, diese aufzugeben. Die Manager hätten Angst, dass die inhärente Führungsrolle der Intrapreneure ihre Machtposition untergräbt. Manager und Mitarbeiter, die bald in Rente gehen, hätten Angst, aufs Abstellgleis geschoben zu werden.

Ich weiß nicht, ob das so stimmt. Aber wenn ein Unternehmen es mit der digitalen Transformation ernst meint, dann gibt es auch für Mittelmanager keinen Grund, ängstlich zu sein. Jeder Mitarbeiter, vom obersten Chef bis zum einfachen Angestellten, kann eine Rolle bei der Transformation spielen. Niemand ist davon ausgeschlossen. All das bedeutet Veränderung, und ja, Veränderung kann auch anstrengend sein. Aber sie macht die Arbeit auf jeden Fall spannender – und weniger dumm, für uns alle.

Mitarbeiter finanziell oder mit Anteilen belohnen

Intrapreneure sind in erster Linie intrinsisch motiviert. Sie brauchen erst einmal keine Incentives, um sich zu engagieren. Trotzdem ist es nur fair, wenn du sie belohnst. Anerkennung zeigt sich auch in der Geldbörse, vor allem wenn das Unternehmen durch die Ideen und das Engagement der Mitarbeiter enorm profitiert.

Vor allem wenn Angestellte eine Idee so weit treiben, dass es zur Ausgründung eines zunächst internen Startups kommt, gehören sie unbedingt daran beteiligt. Jeder Intrapreneur mit Gründergeist geht in gutem Vertrauen davon aus, dass das Unternehmen dies tut. Er hätte sonst womöglich selbst gegründet – extern statt intern. Sieht ein Unternehmen dies nicht ein und beruft sich bürokratisch auf die juristische Sachlage – die geistige Eigentümerschaft gehört ja formal und laut Arbeitsvertrag in der Regel der Firma –, dann zeigt das allen im Unternehmen, dass man auf der Teppichetage gern nimmt, aber nicht gibt. Das wäre eine dicke Enttäuschung. Bei der nächsten Idee überlegen es sich die wirklich unternehmerisch denkenden Mitarbeiter wahrscheinlich anders. Vielleicht werden sie dann doch lieber zum Entrepreneur statt zum Intrapreneur, setzen ihre Idee selbst um und gründen ein eigenes Startup. Oder sie finden ein Unternehmen, das nicht nur vom smart werden redet, sondern es wirklich werden will, und wo ihr Einsatz auch angemessen honoriert wird. Ich bin bei meinen Gesprächen für dieses Buch solchen Fällen begegnet und kann aus direkter Anschauung sagen: Die besten Kräfte bleiben nur, wenn man fair mit ihnen umgeht.

5

Die Arbeit der Zukunft: Wie wir gemeinsam die Welt verändern

»Menschen mit einer neuen Idee gelten so lange als Spinner,
bis sich die Sache durchgesetzt hat.«
Mark Twain

Ich hoffe, du hast durch dieses Buch bereits einige Anregungen mitnehmen können, wie du deine Arbeit vom nervigen Business-Theater und von der Langeweile des Alltagsgeschäfts befreien kannst. Vielleicht hast du – egal ob du Angestellter, Manager oder Chef in deinem Unternehmen bist – auch Lust bekommen, die Arbeitswelt ein bisschen besser zu machen. Am Paradigmenwechsel, der gerade stattfindet, kannst du aus jeder Position heraus teilhaben, selbst dazu beitragen und ihn beschleunigen. Und weil das so ist, spreche ich in diesem letzten Kapitel auch alle gemeinsam an, Chefs und Angestellte. Es gibt hier also kein »Hallo, Chef« mehr – es geht darum, gemeinsam die Arbeit besser zu machen.

Lass uns ein bisschen träumen. Was würde passieren, wenn wir alle mitmachen? Dann wird die Arbeitswelt eine andere, eine bessere sein. Ist das utopisch? Nein! Denn wie die Beispiele in diesem Buch zeigen, ist der Traum bereits dabei Realität zu werden. Es gibt so viele Indizien für das Ende der dummen Arbeit. Die digitale Transformation und die damit einhergehende

Zeitenwende stehen gerade erst am Anfang. Lass uns das ein bisschen weiterspinnen: Was wird sich zukünftig für dich und deine Karriere ändern? Wie werden sich Unternehmen organisieren? Was bedeutet Führung? Und welche Auswirkungen hat das für die Ökonomie und unsere Gesellschaft insgesamt?

Natürlich weiß niemand, was die Zukunft wirklich bringt, aber lass uns einmal vorausblicken, wohin unsere Reise gehen könnte.

Die klassische Karriere ist tot

Du hast gesehen, wie die Intrapreneure und die Mitarbeiter in smarten Unternehmen heute schon arbeiten. Die traditionellen Karriere-Regeln gelten für sie kaum noch. Sie passen nicht zum selbstbestimmten, kreativen Arbeiten in einem unternehmerischen Projekt oder in einem smarten Unternehmen, das den Startup-Spirit atmet. Die Karriereleiter müssen heute nur noch die Angestellten in traditionellen Unternehmen mühsam erklimmen, um ein bisschen mehr Verantwortung zu bekommen. Eine aussterbende Art. Die nächste Generation, die ins Arbeitsleben eintritt, wird nur noch ungläubig staunen, wenn wir erzählen, wie eindimensional und langweilig eine typische berufliche Laufbahn früher war.

Bis vor ein paar Jahren gab es eine allgemein akzeptierte Vorstellung davon, wie eine berufliche Karriere zu verlaufen hat. Natürlich gab es auch Ausnahmen, vor allem in künstlerischen Berufen, im Non-Profit-Bereich, manchmal in der Politik. Auch als Gründer und Unternehmer ging man nicht den klassischen Karriereweg. Der normale Weg in den meisten Branchen und Berufen aber war vorgezeichnet: Schule, Ausbildung oder Studium bildeten den relativ standardisierten Grundstein. Und dann ging es darum, über Jahre und Jahrzehnte immer eine

Hierarchiestufe nach der anderen auf der Karriereleiter hinaufzuklettern. Das schafften nicht immer die Besten, sondern oft die, die sich am besten mit politischen Spielchen und offiziellen und ungeschriebenen Regeln auskannten.

Von diesem klassischen Karriereweg berichten heute noch viele auf dem Markt erhältliche Karriereratgeber. Sie erzählen dir, wie du deine berufliche Laufbahn strategisch planst, Schritt für Schritt nach oben kommst und mehr Verantwortung, Geld und Ansehen gewinnst. Sie sagen, es gibt einen Plan, den du verfolgen musst. Einen Weg, den du gehen musst. Ein Rezept, das du befolgen musst. Du kannst nicht machen, was du willst, sondern musst jeden Schritt strategisch planen – sonst landest du a) in einer Sackgasse, oder du wirst b) von den Schlaubergern, die den Plan befolgen, überholt. Oder du stürzt c) auf der Karriereleiter ab und musst wie Sisyphos den ganzen Weg, den du bis dahin gegangen bist, aufs Neue wieder hochklettern.

Vieles, was in den Karriereratgebern erzählt wird, ist schon heute totaler Quatsch. Einmal, weil du eine Menge Bullshit-Arbeit tun musst, wenn du diesen Weg gehst. Weil du dein halbes Arbeitsleben damit verbringen sollst, Business-Theater zu spielen und Politik zu machen. Vor allem aber ist es Bullshit, weil es schlichtweg nicht mehr stimmt. Das Bild dieser Karriereleiter hat im letzten Jahrhundert funktioniert. Mittlerweile ist es Vergangenheit.

Heute ist es so: Die klassische Karriere ist tot. Okay: Vielleicht noch nicht überall und komplett. Es gibt Branchen, da wird es die klassische Karriere auch in Zukunft noch geben; in Berufen wie Arzt oder Jurist, wo klare Hierarchien nicht einfach abgeschafft werden können. Erst recht beim Militär und in der Kirche, so wie es Frederic Laloux in seinem Buch *Reinventing Organizations* beschrieben hat. Aber immer mehr Berufe verändern sich, und damit auch die individuellen Karrieren.

Während in traditionellen Unternehmen der Karriereweg

quasi vorgezeichnet ist, entstehen in smarten Unternehmen immer mehr alternative Optionen für die berufliche Laufbahn. Man kann die Entwicklung von Unternehmensorganisation und Karriereweg durchaus miteinander vergleichen: Genauso wie die Unternehmen im Zuge eines wirtschaftlichen Umbruchs eine neue Entwicklungsstufe erreichen, geschieht dasselbe mit den Karrieremöglichkeiten von Angestellten.

Intrapreneurship als Karriereweg der Zukunft

Lass mich den Unterschied zwischen der klassischen Karriere und den neuen Möglichkeiten, die du als Intrapreneur hast, noch einmal aus einer anderen Perspektive beleuchten. Der traditionelle Karriereweg sieht in etwa so aus: Zu Beginn deines Arbeitslebens betrittst du einen Tunnel. Nach einiger Zeit kommt eine Treppenstufe, und irgendwann vielleicht noch eine. Die Strecke führt auf diese Weise ganz langsam bergauf. Es gibt keine Abzweigungen und auch keine Garantie, wie viele Stufen der Tunnel für dich bereithält. Ebenso wenig gibt es einen Blick nach draußen. Am Ende des Tunnels gehst du in Rente.

Dieses System funktionierte im letzten Jahrhundert hervorragend. Das Modell bot Sicherheit und einen mehr oder weniger absehbaren Aufstieg. Allerdings wird es zukünftig immer weniger Möglichkeiten geben, eine Karriere im klassischen Sinne zu verfolgen. Es gibt weniger Chancen auf einen Aufstieg, wenn Hierarchien bröckeln – weil es immer weniger Hierarchieebenen im mittleren Management gibt. Eine ganz einfache Rechnung: Weniger Managementpositionen in einem Unternehmen bedeuten weniger Aufstiegsmöglichkeiten im klassischen Karrieretunnel. Und: Weniger Managementpositionen bedeuten mehr Druck auf den Einzelnen. Druck von ganz oben,

Druck von den eigenen Mitarbeitern. Für viele entwickelt sich das vermeintliche Karriereziel als Sandwichposition mit besten Aussichten auf einen Burn-out.

In der Zukunft gibt es keine Tunnel mehr. Die neue Karriere folgt keinem vorgezeichneten Weg. Spätestens wenn du erwachsen geworden bist, gehört dein Leben dir. Du bestimmst, welchen Weg du gehst. Nach der Uni oder Ausbildung stehst du vor verschiedenen Plattformen von unterschiedlicher Größe und in unterschiedlicher Höhe – du kannst jederzeit von Plattform zu Plattform springen. Die Plattformen erlauben ganz verschiedene Arten von Arbeit: ein halbwegs »normaler« Job als Angestellter, Tätigkeiten in einem oder mehreren Projekten gleichzeitig, Arbeiten in einem internen Startup oder in einem Intrapreneurship-Programm, vielleicht auch eine Zeit der Selbstständigkeit. Du verbaust dir nichts mehr, wenn du wechselst.

Ausbruch aus dem Karrieretunnel

Aber auch wenn du schon zehn oder zwanzig Jahre im Beruf bist, heißt das nicht, dass du festgelegt bist. Du bist genauso frei. Du hast sogar mehr Erfahrung gesammelt, mehr Fachkenntnisse, und dadurch vielleicht noch mehr Möglichkeiten. Wenn du heute anfängst und dich als Intrapreneur hervortust, kannst du in deinem Unternehmen aufsteigen und Positionen erlangen, die im klassischen »Tunnelsystem« nicht für dich vorgesehen waren. Diesen Weg ist Lars bei Cisco gegangen. Das Intrapreneurship-Programm verhalf ihm zu mehr Sichtbarkeit im Konzern, und dadurch bekam er erst die Stelle, die er heute bekleidet.

Du musst dich heute auch nicht mehr entscheiden, ob du Karriere in einem Konzern, im Mittelstand oder in einem Startup machen willst. Es gibt keine Hindernisse mehr beim

Wechseln. Von den Erfahrungen im einen Bereich profitierst du auch im anderen. Diese neue Durchlässigkeit erlaubt es dir auch, deine Arbeit je nach Lebenssituation zu wählen und anzupassen: Auf der einen Plattform kannst du richtig lospowern; eine andere bietet die Möglichkeit, es etwas ruhiger angehen zu lassen – zum Beispiel aus familiären Gründen, oder wenn du eine lange Reise oder eine Auszeit planst.

Der Karriereweg als Intrapreneur wird immer mehr an Bedeutung gewinnen. Du kannst als Intrapreneur Karriere machen, indem du selbst zu der Person wirst, die dem Unternehmen hilft, sich zu transformieren – wie Alex Zierl bei der d.velop AG. Oder du wählst den Weg, eine Zeit lang neue Ideen zu testen, das Projekt anzuschieben, und wenn es ins Laufen gekommen ist, die nächste Herausforderung anzugehen – so wie Andrea Kahlenberg. Sie initiiert immer wieder neue Projekte im Umfeld des RWE-Konzerns und hat sich all ihre Jobs als Intrapreneurin selbst geschaffen. Sie sagt: »Ich habe eine Vision und gehe dann meinen Weg. Ich nehme die Dinge in die Hand und ›grabe mich durch‹, bis ich zum Ziel komme. Dabei habe ich mir meine Themen selbst gesucht. Ich habe auch immer eine Führungsrolle eingenommen und bin vorangegangen. Das hat Spaß gemacht, und es hat funktioniert.«

Das Ende der Langeweile

Eines wird ein solches Leben als Intrapreneur mit Sicherheit nicht: langweilig. Dabei kannst du auch unterschiedliche Rollen einnehmen: als Erfinder, als Innovator, als Unternehmer im Unternehmen, als Teammitglied oder einfach als Unterstützer von Intrapreneuren oder internen Startups. Du kannst die Rolle wählen, die deinen besonderen Fähigkeiten entspricht, und du kannst deine Kompetenzen einbringen: organisatorische Fähigkeiten, soziale Kompetenzen wie Empathie, motivationsbezogene Kompetenzen, mit denen du andere mitreißen kannst, technisches Know-how, Qualitäten beim Verkaufen oder beim Erschließen neuer Zielgruppen im Vertrieb. Egal, welche Rolle du wählst und welchen Weg du gehst: All das bereichert deine Arbeit, gibt dir Sinn, lässt dich über den Tellerrand blicken und eröffnet dir Optionen für die Zukunft. Vor allem bist du nicht auf eine Rolle festgelegt: Du kannst jederzeit wechseln und dich weiterentwickeln – im laufenden Projekt oder im nächsten.

Diese vielen Möglichkeiten bedeuten keineswegs eine Qual der Wahl. Das Gute an der Karriere als Intrapreneur ist ja: Du musst dich nicht für dein ganzes Leben entscheiden. Du steckst nicht in einem Tunnel fest. Du kannst verschiedene Arten von Arbeit und Arbeitsorganisation ausprobieren und hast die Möglichkeit, dich nach nicht allzu langer Zeit wieder weiterzubewegen, auf die nächste Plattform zu springen und dich anders zu entwickeln.

Es gibt noch einen anderen Vorteil für dich als Intrapreneur. Stell dir vor, jemand wählt den klassischen Karriereweg und arbeitet »im Tunnel«. Und dann geht es nach zehn oder zwanzig Jahren nicht mehr weiter. Der Beruf ist plötzlich nicht mehr so gefragt wie früher, oder es gibt ihn gar nicht mehr. Noch viel profaner: Du bist Mitte fünfzig, und im Personalgespräch erfährst du, dass es deine Stelle im nächsten Jahr nicht mehr geben wird.

Neben dieser inzwischen fast schon »normalen« Bedrohung der Jobsicherheit kommt mittlerweile eine noch viel größere hinzu. Es ist abzusehen, dass enorm viele Jobs durch die Digitalisierung wegfallen werden. Bereits 2013 warnten die Wissenschaftler Carl B. Frey und Michael A. Osborne in ihrer Studie »The Future of Employment«, dass knapp die Hälfte der existierenden Arbeitsplätze in den USA auf dem Spiel stehen. Ökonomen der ING-DiBa-Bank rechneten die Ergebnisse der Studie anhand der Beschäftigungsstatistik der Bundesagentur für Arbeit auf Deutschland um – und schätzten, dass in den kommenden zwanzig Jahren 59 Prozent aller Jobs gefährdet sind. Und es sind nicht nur Jobs in der produzierenden Industrie, die durch weitere Automatisierung und das »Internet der Dinge« überflüssig werden. Auch nicht nur Dienstleistungsberufe wie Reisekaufleute oder Versicherungsvertreter. Auch viele »White-Collar«-Jobs sind betroffen – darunter die von Buchhaltern, Wirtschaftsprüfern und den oben angesprochenen Juristen, die heute noch eher traditionell arbeiten. Deren Leistungen sind keineswegs so individuell, wie es auf den ersten Blick aussieht. Viele »White Collars« sind heute schon ersetzbar – etwa durch das mit künstlicher Intelligenz arbeitende IBM-Programm Watson.

Unsicherheit ist die neue Sicherheit

Wenn du derzeit in der alten, hierarchischen Welt arbeitest, kann ich dich nur ermutigen, so schnell wie möglich einen Weg außerhalb des Tunnels zu wählen – damit du nicht zu den Ersten gehörst, die von der digitalen Transformation überrollt werden. Auch als angestellter Jurist oder Buchhalter kannst du unternehmerisch tätig werden, dich in Intrapreneurship-Programmen engagieren oder ein Innovationsprojekt anstoßen. Auch Wirtschaftsprüfer und generell Menschen mit Jobs in der Finanzbranche können überlegen, wie sie die Digitalisierung nutzen können. Denn auch ihre Jobs sind in Gefahr. Das bestätigt auch John Cryan, der drei Jahre lang Vorstandsvorsitzender der Deutschen Bank war, in einem Interview mit dem Titel »Banken im Umbruch«, das am 7. September 2017 im *Handelsblatt* erschien: »Die traurige Wahrheit ist, wir werden nicht mehr so viele Leute brauchen wie heute. Es gibt in unserem Unternehmen heute Menschen, die wie Roboter arbeiten. Morgen wird es stattdessen Roboter geben, die sich wie Menschen verhalten. Es spielt keine Rolle, ob wir als Unternehmen an diesem Wandel teilnehmen, er kommt so oder so.«

Nun magst du einwerfen, dass es gar nicht sicher ist, ob nun 50 Prozent oder 59 Prozent aller Jobs durch die Digitalisierung gefährdet sind. Schaut man sich fünf Studien an, erhält man sieben verschiedene Szenarien. John Cryans Antwort auf die Anschlussfrage, ob es wohl genau die Hälfte der Jobs kosten wird: »Es wird mit Sicherheit eine große Zahl werden.« Es geht hier also nicht um Zahlenfetischismus, sondern um eine massive Veränderung der Arbeitswelt – und die ist nicht wegzudiskutieren, weder vor noch hinter dem Komma.

Klar ist auch, dass nicht nur Jobs wegfallen werden. Natürlich entstehen auch neue – aber es werden andere sein, mit anderen Ansprüchen. Und das werden Jobs sein, bei denen die Fähigkeiten von Intrapreneuren gefragt sind; in denen Eigenverantwortung, Initiative, Veränderungsbereitschaft und Mut zählen. Du hast jetzt die Chance, dir diese Fähigkeiten anzueignen und neue Erfahrungen zu sammeln, bevor es wirklich ernst für dich werden könnte. Das macht nicht nur Spaß, es ist auch enorm gut fürs Selbstbewusstsein. Denn dann gewinnst du langfristig an Sicherheit. Selbst wenn die Wirtschaftslage sich in Zukunft anders darstellt und deine Branche, deine Firma oder dein Job unter Druck geraten sollten, hast du wertvolle Erfahrungen gesammelt, die dir in Zukunft mit Sicherheit nützen werden. Wenn es deine Stelle in ein paar Jahren nicht mehr geben sollte, fällst du auf die Füße und brauchst keine Angst vor der Zukunft zu haben.

Ich finde, das sind trotz der Unsicherheiten, die der digitale Wandel mit sich bringt, keine schlechten Aussichten, oder? Als Intrapreneur kannst du dich heute bereits auf den Wandel einstellen – und davon profitieren: Es gibt mittlerweile Dutzende

Optionen, die zu deinen besonderen Fähigkeiten, deinen Interessen und zu deiner Lebenssituation passen. Dir stehen heute und in Zukunft viel mehr Karrierewege offen als allen Generationen von Arbeitenden vor dir. Eine Karriere als Intrapreneur verspricht mehr Lebensqualität, einen größeren Impact auf die Gesellschaft und mehr Freiheit als ein traditioneller Job! Keine Frage, es braucht eine gute Portion Mut und Veränderungsbereitschaft von jedem Einzelnen. Aber das ist es auch wert.

Vielleicht fragst du dich, wie ein Entlohnungsmodell für Intrapreneure aussieht. Verdient man in den meisten Unternehmen nicht immer noch mehr, je länger man dort tätig ist? Gilt nicht immer noch das Senioritätsprinzip? Das trifft auf viele Firmen sicher zu – noch. Aber Intrapreneure sind heute, wo alle Unternehmen nach Innovationen lechzen, rar und gefragt. Wer in dieser Richtung Erfahrungen gesammelt hat, den Startup-Spirit lebt und die Techniken des Startup-Thinking draufhat, muss nicht weniger als ein Manager verdienen. Das Prinzip der Meritokratie kommt beim Gehalt zunehmend zur Anwendung: Bezahlt wird nach Leistung und nach Ergebnissen, nicht nach Zugehörigkeit zum Unternehmen oder wie lange jemand abends bleibt.

Wie ich bereits angesprochen habe, kannst du als Unternehmer im Unternehmen finanziell langfristig sogar enorm profitieren. Das gilt vor allem, wenn aus deiner Idee ein internes Startup entsteht, das in die Freiheit entlassen wird – vorausgesetzt, dass du dir rechtzeitig Anteile daran sicherst. Ich bin mir sicher, dass auch bei dieser Frage die meisten Unternehmen umdenken, Konzerne eingeschlossen. Denn auch aus deren Sicht macht das Sinn. So wie es Tom Van den Brulle von der Munich Re ausgedrückt hat: »Wenn das Ding richtig durch die Decke geht, dann wirst du zwar nicht sehr reich werden, aber ein bisschen reich.« Nicht umsonst hat Daniel Rook, als Personalchef beim Elekrotechnik-Konzern Schneider Electric immerhin verantwortlich für 6500 Mitarbeiter, in unserem Gespräch gesagt: »So jemand darf im Rahmen unserer High Performance Culture durchaus mehr verdienen als ich.«

Leadership ohne Chefs – das mittlere Management erodiert

Intrapreneure werden immer wichtiger; die Bedeutung der klassischen Führungskräfte nimmt dagegen ab. Mehr Selbstbestimmung für Mitarbeiter bedeutet eben auch, dass weniger Führung im klassischen Sinn nötig ist. Caterine Schwierz von den MondayMakers hat erzählt, dass sie als Führungskraft ihren Fulltime-Job auf eine 4-Tage-Woche reduzieren konnte, weil sie in ihrem Unternehmen von Rundstedt und Partner immer weniger führen musste. Der Grund dafür ist: Die Mitarbeiter dort arbeiten zunehmend frei und selbstbestimmt. So konnte sie sich Freiräume schaffen, um für ihr Projekt MondayMakers zu arbeiten.

Wenn Chefs immer weniger zu tun haben, bedeutet das aber nicht, dass es keine Führung mehr gibt. Diese Rolle nehmen die Intrapreneure ein. Geführt wird also nicht mehr nur oben, sondern überall.

Diese Entwicklung betrifft derzeit vor allem das mittlere Management. Cross-funktionale Teams brauchen keine Abteilungs- oder Bereichsleiter. Eigenverantwortliche Arbeit braucht keine Kontrolle. Meine Gespräche haben gezeigt: Viele Unternehmer, die ihr Unternehmen transformieren möchten und denen es dabei nicht schnell genug geht, haben das Mittelmanagement unter Verdacht, die Entwicklung zu blockieren. Dafür hat sich der abwertende Begriff der »Lehmschicht« etabliert. Er tut vielen Mitarbeitern in der Sandwichposition sicher Unrecht, denn sie bekommen Druck von oben und Druck von unten.

Wenn du im mittleren Management etwa als Abteilungsleiter arbeitest, musst du eine Menge Arbeit tun, die wenig produktiv ist – eine Menge dumme Arbeit. Als Intrapreneur hast du ganz andere Möglichkeiten, deine Arbeit wieder mit Sinn zu füllen und zu sehen, wie das, was du tust, etwas bewirkt. Du bist befreit von der Mittlerposition zwischen der Leitungsebene und den Mitarbeitern. Deine Arbeit wird anders, aber sie wird garantiert spannender und weniger zermürbend. Intrapreneurship ist gerade für dich als Führungskraft eine tolle Chance, freier von Zwängen zu agieren.

Aber nicht nur die Positionen im mittleren Management werden nach und nach überflüssig werden. Die Frage ist: Braucht es in Zukunft überhaupt noch Chefs? Beim US-amerikanischen Versandhändler Zappos, von dem ich berichtet habe, wurden alle Chefpositionen abgeschafft. Die Führungsrolle wechselt dort von Aufgabe zu Aufgabe zwischen den Mitarbeitern.

Wird das Organisationsmodell der Zukunft also generell auf Chefs verzichten? Kann das überhaupt funktionieren? Ja, es kann, wie das folgende Beispiel zeigt.

Gini GmbH: selbstbestimmtes Arbeiten ohne echte Chefs

Wie eine Zukunft ohne »echte« Chefs aussehen kann, zeigt das Beispiel des Münchener Software-Unternehmens Gini GmbH. Gini entwickelt seit 2011 Apps für Business- und Endkunden, die einfache, bisher manuell durchgeführte Prozesse automatisieren. Das Unternehmen möchte damit den Alltag der Menschen von »dummer Arbeit« befreien. Für Otto Normalverbraucher gibt es in den Banking Apps für den deutschen Markt zum Beispiel eine Funktion, die es möglich macht, mithilfe eines einzigen Smartphone-Fotos bequem eine Rechnung bezahlen zu können. Die Rechnung wird abfotografiert, eine Bilderkennungstechnologie erfasst die Zahlungsinformationen auf dem Bild und löst eine Überweisung aus. Die App Gini Pay erlaubt das bargeldlose Bezahlen per Smartphone, zum Beispiel in Restaurants. Für Firmenkunden werden Vorgänge wie Buchhaltung, Überweisungsaufträge oder das Bearbeiten von Kreditanträgen bei Banken automatisiert.

Holger Treske, einer der Co-Founder von Gini, und Georg Schmidinger, der seinen Job selbst mit »Intrapreneur« beschreibt, haben mir erzählt, wie das Unternehmen das Prinzip der Selbstorganisation eingeführt hat und warum die Arbeit dadurch besser und erfolgreicher wurde.

Kurz nach der Gründung im Jahr 2011 wuchs die Software-schmiede schnell auf 40 Mitarbeiter. Da Holger und sein Co-Gründer Steffen Reitz nur wenig Ahnung von Management und Führung hatten, hörten sie auf einen Berater. Sie organisierten die Mitarbeiter in typischen Fachabteilungen wie Vertrieb und Entwicklung und installierten mehrere Hierarchieebenen. Holger wurde Chief Technology Officer. Für die Mitarbeiter gab es alles, was der Startup-Traum so hergibt: Kaffee und Obst umsonst für alle, Tischkicker im Büro, coole Einrichtung. Die beiden Gründer dachten, alles richtig gemacht zu haben. Doch nach einiger Zeit mussten sie zu ihrer Überraschung einsehen, dass die Mitarbeiter trotzdem unzufrieden waren und die Arbeit nicht wirklich reibungslos lief.

Was war los? Eigentlich war Gini als Startup im Vergleich zu einem Konzern doch total agil gewesen. Aber im Zuge des Wachstums und der Einführung von Hierarchieebenen entstanden dort die gleichen Probleme, wie sie ein etabliertes Unternehmen typischerweise hat. Zum einen wurde die Kommunikation schlecht. Die Mitarbeiter der Fachabteilungen wussten nicht wirklich, was ihre Kollegen in den anderen Abteilungen taten und warum. Dann kam es zu gegenseitigen Vorwürfen wie: »Die Software-Entwickler brauchen immer so lange, und deshalb können wir die Deadlines nicht einhalten.« Durch die Trennung der Abteilungen entstand ein hoher Abstimmungsaufwand. Es war sehr schwierig, Prioritäten zu setzen – jede Abteilung legte auf einen anderen Aspekt Wert. Das alles hemmte nicht nur die Effizienz der Arbeit, sondern brachte eine allgemeine Unzufriedenheit hervor. Die Mitarbeiter konnten ihr Potenzial nicht mehr voll ausschöpfen.

Das alles kommt dir bekannt vor? Genau: Es ist ein Problem, das alle traditionell organisierten Unternehmen betrifft – vom wachsenden Startup über den Mittelstand bis hin zum Konzern.

Holger und Steffen hatten sich das eigentlich anders vorgestellt. Sie wollten ein Unternehmen, in dem die Mitarbeiter sich wohlfühlen, jeden Tag motiviert zur Arbeit kommen und sich selbst verwirklichen können. Die Unzufriedenheit war ein Ansporn, die Strukturen zu ändern und dadurch genau diese Atmosphäre zu schaffen.

Sie wählten die radikale Lösung – und entmachteten sich selbst. Starre Hierarchien wurden ebenso abgeschafft wie Job-Titel. Das ganze Unternehmen wurde auf sich selbst organisierende, cross-funktionale Teams umgestellt. Jedes Team entscheidet seitdem selbst, was es tut. Morgens stimmt sich das Team über die nächsten Schritte ab, und gemeinsam werden die Prioritäten gesetzt. In einem kleinen Team kann das unglaublich schnell gehen. Die Teams entscheiden auch eigenständig, welche Produkte gebaut werden und welche Kunden sie akquirieren möchten. Es gibt keinen Überbau, der ihnen sagt, was zu tun ist. Die Teams setzen sich sogar ihre eigenen Ziele – es gibt keine Vorgaben zur Anzahl der Geschäftsabschlüsse oder zu Umsatzzielen. Niemand, auch nicht die Gründer, reden ihnen dabei rein. Sämtliche Prozesse verlaufen *bottom-up*, nicht wie traditionell üblich *top-down*.

Auf diese Weise entstehen auch neue Produkte, zum Beispiel eine Software für Banken, um Kreditanträge einfacher zu bearbeiten. Eine Mitarbeiterin hatte die Idee, eine bestehende App in diese Richtung weiterzuentwickeln. Sie suchte sich zwei andere Mitstreiter aus dem Unternehmen, und gemeinsam benötigten sie gerade einmal sechs Wochen, um die Idee zu validieren. Daraus ist das Team entstanden, das die Kreditantrag-Software nicht nur weiterentwickelt, sondern auch schon selbst einige Kunden aus dem Bankensektor akquiriert hat. Alles entstand aus der Idee der Mitarbeiterin und mithilfe ihres Teams – ohne Vorgabe oder Einmischung der Gründer.

Für Holger hat der heutige Erfolg von Gini viel mit der Umstellung der Organisation zu tun. Er merkt, wie die Mitarbeiter Gas geben und dafür brennen, das neue Produkt voranzutreiben, weil es wirklich ihr Baby ist. Weil sie an etwas arbeiten, das sie sich selbst ausgesucht haben und das sie glücklich macht.

Für Georg war die Organisation in autonomen, cross-funktionalen Teams ein Hauptgrund, um als Angestellter zu Gini zu wechseln. Auch er ist überzeugt, dass die Firma langfristig mehr erreichen kann als traditionelle Unternehmen. Zum einen, weil in den Teams Mitarbeiter mit verschiedenen Vorgeschichten und aus unterschiedlichen Kulturen arbeiten, von denen jeder einen anderen Blickwinkel auf ein Problem und mögliche Lösungsstrategien hat. Das ist etwas komplett anderes als in einer Fachabteilung, die mehr oder weniger ein geschlossener Kreis ist und deren Mitglieder ähnliche Denkmuster haben. Anders ist die Arbeit aber auch ganz einfach deshalb, weil die Mitarbeiter das, was sie tun, leidenschaftlich gern tun. Georg schätzt die Freiheiten, die er bei Gini hat, und genauso die Möglichkeit, persönlich und fachlich zu wachsen. Bevor er zu Gini kam, hatte Georg in einem Startup gearbeitet und war in vielem, was er tat, auf sich allein gestellt gewesen. Zeit und Ressourcen, um sich weiterzubilden, hatte er dort nicht.

Bei Gini kann er sich jederzeit mit fachlichen Fragen an die

Kollegen wenden – und er bekommt die Zeit, sich nach eigenen Interessen und Erfordernissen weiterzubilden. Als Intrapreneur liegt das genauso in seiner Verantwortung wie der eigentliche Job. Als Angestellter kann Georg unterschiedliche Rollen einnehmen, und das gleichzeitig. Er ist in viele verschiedene Bereiche wie zum Beispiel Business Development, Sales, Partner Management oder Accounting involviert. Er bekommt die Freiheit, an einem eigenen Produkt zu arbeiten oder an der Idee von anderen mitzuwirken, die dann auch zu seinem eigenen Baby wird. Und gleichzeitig hat er diese Sicherheit, dass nächsten Monat das Gehalt auf dem Konto ist.

Auch für Holger als Gründer hat sich die Umstellung bewährt, selbst wenn sie für ihn persönlich anfangs schwierig war. Er war die neue Rolle einfach nicht gewohnt. Es ist ihm zunächst nicht leichtgefallen, die Zügel aus der Hand zu geben. Aber ihm war klar, dass er selbst den neuen Geist im Unternehmen vorleben musste, damit die Mitarbeiter ihre Freiheiten wirklich nutzen.

Zwar gab es auch Mitarbeiter, die mit der Freiheit nicht klarkamen und sich eine engere Führung wünschten. Andererseits bewerben sich viele qualifizierte Menschen bewusst bei Gini. Warum? Weil sie den Alltagstrott und die starren Strukturen in traditionellen Unternehmen so satthaben. Das ist ein Zeichen, dass Holger und sein Co-Gründer mindestens ein Teilziel erreicht haben, das sie mit Gini verwirklichen wollten. Holger beschreibt es so: »Ich möchte ein Umfeld schaffen, in dem die Mitarbeiter begeistert sind. Wo es ihnen gut geht und sie ein auch durch die Arbeit erfülltes Leben haben. Und ich glaube, wenn du ein Leben lang einen Job machst, in dem du keinen Sinn spürst, bloß um Geld zu verdienen, dann kann dich das kaputt machen.«

Holgers Vision ist, dass auch andere Unternehmen das erkennen und ihren Mitarbeitern zu mehr Freiheit und Sinn bei der Arbeit verhelfen. Ich wünsche ihm und uns allen, dass diese Vision bald auf noch breiterer Basis Wirklichkeit wird. Ich brenne darauf, dass das Ende der dummen Arbeit nicht länger eine ungleich verteilte Zukunft bleibt, sondern in allen Unternehmen Realität wird.

Holacracy: selbstbestimmte Arbeit als nächste Entwicklungsstufe von Unternehmen

Bei der Gini GmbH kommt vieles zusammen, was ich in diesem Buch beschrieben habe: ein Unternehmen, das sich neu organisiert und verkrustete Führungsstrukturen abschafft. Ein Owner, der nicht einfach nur Geld machen will, sondern sinnvolle Produkte mit sinnvoller Arbeit herstellen will. Mitarbeiter, die diese Art, selbstbestimmt und frei zu arbeiten, wertschätzen und sich voll einbringen. Es geht sogar noch einen Schritt weiter: Selbst die Gründer haben ihre Rolle als Chefs abgegeben und arbeiten mit ihren Angestellten auf Augenhöhe. Sie lassen ihnen freie Hand und fahren sehr gut damit. Sie verstehen Leadership als eine Haltung, die jeder Einzelne im Unternehmen lebt – nicht als »Chefsache«.

Ist das ein Ausblick auf die Zukunft in den Unternehmen? Eine Zukunft ohne Bosse? Eine Zukunft, in der es nicht länger nur darum geht, welcher Titel auf deiner Visitenkarte steht?

Jedenfalls gibt es immer mehr Unternehmen, die wie die Gini GmbH auf Selbstorganisation setzen und neben dem mittleren Management auch die obere Führungsebene abschaffen – mit Erfolg. Diese Unternehmen weisen in die Zukunft. Die nächste Entwicklungsstufe bei der Unternehmensorganisation wird von Eigenverantwortung, Unternehmergeist und Selbstorganisation geprägt sein. Mit weniger Strukturen und weniger Sicherheit, dafür mit mehr Freiheit und mehr Selbstbestimmung.

Die Welt wird nicht aufhören, sich zu verändern. Vielmehr dreht sie sich immer schneller. Das Konzept »Arbeit« wird nie zum Stillstand kommen – genauso wenig wie die Unternehmen. Innovation wird ein »laufendes Geschäft«. Durch flexible, hierarchiefreie Strukturen haben smarte Unternehmen Wettbewerbsvorteile gegenüber traditionell organisierten Unternehmen. Und dass immer mehr Vertreter der Generationen Y und Z in den Unternehmen Freiheiten einfordern, beschleunigt den Prozess. Traditionelle Hierarchien und Rollenmodelle sind out. Sie werden abgelöst von selbstbestimmter Arbeit.

Ein Organisationsmodell, das diese Form von Arbeit beschreibt, nennt sich Holacracy (deutsch: Holokratie). Der Begriff stammt ursprünglich vom österreichisch-ungarischen Schriftsteller Arthur Koestler und ist eine Kombination der Worte »holistic« und »Democracy«. Als Organisationsmodell populär machte die Wortschöpfung der Unternehmer und Autor Brian Robertson.

In einem nach den Prinzipien der Holacracy organisierten Unternehmen gibt es keine feste Führungsstruktur. Die Mitarbeiter übernehmen Rollen und können diese Rollen jederzeit wechseln. Entscheidungen werden nach dem Prinzip der integrativen Entscheidungsfindung getroffen. Das bedeutet, die Stimmen aller Beteiligten werden gehört und können auch jederzeit widerrufen werden, wenn sie sich als falsch herausstellen. Die Parallelen zu den Realitätschecks beim Startup-Thinking sind unverkennbar. So entsteht eine lebendige, dynamische Organisation, die innovativ ist und auf Marktveränderungen schnell reagieren kann.

Es gibt immer mehr Unternehmen, die Holacracy oder andere Formen der Selbstorganisation einführen und die klassischen Führungspositionen abschaffen. Neben Zappos wurde vor allem das Beispiel der holländischen Pflege-Organisation Buurtzorg populär, das Frederic Laloux in seinem Buch *Reinvent-*

ing *Organizations* vorstellte. Ganz unterschiedliche Firmen aus ganz verschiedenen Branchen arbeiten so: Etwa die Hamburger Online-Agentur Ministry Group, das Schweizer FinTech-Start-up Financefox, die Hotel-Suchmaschine Trivago, der Personal-Shopping-Service Outfittery oder das HR-Software-Unternehmen Haufe Umantis setzen auf Selbstorganisation.

Aber auch im über hundert Jahre alten Berliner Turbinenwerk von Siemens wurden ausgerechnet während einer großen Krise die Mitarbeiter ermutigt, ihre Arbeit selbst zu organisieren und Entscheidungen eigenständig zu treffen. Die Werksleitung rief einen Workshop mit dem Titel »Baut eure eigene Fabrik« ins Leben und machte dabei nur zwei Vorgaben: Das Ziel – es ging darum, eine neue Brennerfertigung für Gasturbinen im Siemens-Werk selbst herzustellen – und ein Budget. Mitmachen konnte jeder. Und so formierten sich eigenständig Teams, deren Mitglieder aus verschiedenen Bereichen und Hierarchieebenen kamen. Das Konzept funktionierte so gut, dass es auf das ganze Werk übertragen wurde. Mitarbeiter wechseln ihre Rollen, die Hierarchien wurden fluide. Vom Schweißer bis zum Ingenieur organisieren die Mitarbeiter sich nun ihre Arbeitsabläufe selbst und folgen dabei keiner vorgegebenen Methode.

Das Prinzip Selbstorganisation funktioniert also nicht nur in neueren Dienstleistungs- und Internetunternehmen, sondern durchaus auch in der Industrie.

Die Demokratisierung des Unternehmertums

Die Veränderungen in der Arbeitswelt sind wirklich fundamental. Manchen Menschen macht das Angst. Sie klammern sich an alte Gewohnheiten. Das ist zwar absolut nachvollziehbar, aber trotzdem genau der falsche Weg. Die Welt verändert sich so oder so. Das hat sie schon immer getan. Nur tut sie es heute eben schneller – in Zyklen, die weitaus kürzer sind als ein Berufsleben.

Und die Menschheit hat es bisher immer geschafft, sich an neue Bedingungen anzupassen. Was uns heute selbstverständlich erscheint, ist vielleicht nur ein Zwischenschritt. Worüber reden wir denn, wenn wir von Arbeit reden? Wir gehen ohne nachzudenken davon aus, dass die Arbeitswelt, wie wir sie kennen, normal ist. Dabei gibt es sie in dieser Form noch gar nicht so lange. Das Verhältnis »Arbeitgeber–Arbeitnehmer« oder »Unternehmer–Angestellter« in der Form, wie es heute praktiziert wird, gibt es erst seit etwa 200 Jahren. Gemessen an der gesamten Geschichte der Menschheit ist es nur eine kurze Episode. Gearbeitet aber wurde schon immer – auf die eine oder andere Art.

Die Veränderungen, die wir derzeit erleben, werden zu einer ganz neuen Art zu arbeiten führen. Sie tun es jetzt schon. Unternehmertum ist nicht mehr für die Erben der Familienunternehmen oder die Topmanager mit ihren standardisierten Abschlüssen von Elite-Unis reserviert. Es braucht keine besondere Ausbildung oder Herkunft dafür. Alle können heute Unternehmer werden – und das nicht nur als Gründer eines Startups oder 4-Stunden-Startups, sondern auch als Unternehmer im Unternehmen: als Intrapreneur.

Intrapreneurship bedeutet tatsächlich eine Demokratisierung des Unternehmertums. Jeder kann gestalten, kreativ sein und selbst bestimmen, wie und woran er arbeitet – wenn er denn will.

Der Boden ist bereitet, und Intrapreneurship wird sich weiter ausbreiten. Das geht auch mit einer Demokratisierung der Chancen einher, die wir im Leben haben: Je mehr Angestellte ihre kreativen Ideen umsetzen und daraus für ihr Unternehmen Wachstum schaffen, desto selbstverständlicher wird es sein, dass sie daran beteiligt werden. Wie ich bereits angedeutet habe: Man kann dabei vielleicht nicht superreich werden wie ein eigenständiger Gründer, aber doch mehr von seiner Arbeit profitieren als »normale« Angestellte in traditionellen Unternehmen. Bei der Ausgestaltung dieser neuen Verhältnisse stehen wir heute noch am Anfang. Das bedeutet aber auch, dass wir gerade jetzt großen Gestaltungsspielraum haben. Je mehr Intrapreneure es gibt, je mehr Menschen aus der jungen Generation mit ihrem vom Startup-Spirit geprägten Mindset in die Unternehmen kommen, desto selbstverständlicher werden solche Beteiligungsmodelle werden.

Vielleicht wird sich auf diese Weise auch partiell die immer größere Einkommensschere, die großes ökonomisches und gesellschaftliches Konfliktpotenzial birgt, wieder ein wenig schließen. Für mich wäre das jedenfalls eine vorstellbare und wünschenswerte Entwicklung.

Du, jetzt, hier

Klingt das alles für dich wie ein Traum? Dieser Traum ist im Kleinen bereits Wirklichkeit geworden. Dafür hast du allein in diesem Buch einen ganzen Haufen an Beispielen gesehen – und sie erzählen nur einen Bruchteil der Erfolgsgeschichte von Intrapreneurship im Hier und Jetzt. Ich bin überzeugt, dass Intrapreneurship auch im größeren Maßstab funktionieren wird – also nicht nur bei besonders fortschrittlichen Unternehmen, sondern bei ganz vielen. Du erinnerst dich an das Zitat von William Gibson: »Die Zukunft ist bereits hier, sie ist nur ungleich verteilt«? Ich finde: Die Zeit ist reif, der Zukunft auf die Sprünge zu helfen.

Noch vor drei Jahren, als ich mein letztes Buch geschrieben habe, habe ich daran selbst nicht geglaubt. Ich hielt die Vorstellung für zu ambitioniert und zu idealistisch, die Natur der »angestellten Arbeit« so beeinflussen zu können, dass uns unsere Jobs endlich mehr Selbstverwirklichung bieten. Heute bin ich davon überzeugt, dass es uns gelingen kann – weil es mehr Freiheit und Sinn für alle verspricht, für Angestellte genauso wie für Führungskräfte. Und weil beinahe täglich neue Beispiele dafür auftauchen, dass es sich dabei nicht nur um ein luftiges Versprechen handelt, sondern dass es auch betriebswirtschaftlich funktioniert.

Ja, es ist sinnvoll, Gestaltungsfreiraum in unserem Arbeitsalltag einzufordern. Es lohnt sich, dafür zu kämpfen, dass wir unsere eigenen Ziele, Sehnsüchte und Wünsche verwirklichen und dabei unsere individuellen Möglichkeiten und Talente möglichst umfassend ausschöpfen können. Vielleicht verwirklicht sich die Utopie von Karl Marx – »Jeder nach seinen Fähigkeiten, jedem nach seinen Bedürfnissen!« – ja tatsächlich doch noch. Nicht in Form von sozialistischen Fünfjahresplänen, denn das hat nicht funktioniert. Sondern durch freie, selbstbestimmte und selbstorganisierte Arbeit. Wenn uns das gefällt, können wir gemeinsam daran arbeiten. Wir sind diejenigen, die mithelfen können, die Arbeitswelt zum Positiven hin zu verändern.

Ich hoffe, dass viele sich der Idee der selbstbestimmten Arbeit anschließen werden. Vor allem hoffe ich, dass du es tun wirst – denn gemeinsam sind wir viele. In diesem Buch habe ich dir gezeigt, was du dafür brauchst – nämlich nicht viel. Eigentlich ist es nur dieses Ziel – das Ende der dummen Arbeit; das Wissen, wie du es anpackst; und ein bisschen Mut.

Am Anfang dieses Buchs habe ich dir davon erzählt, dass ich einen Traum habe – von einer Arbeitswelt, in der kein Mensch mehr von starren Hierarchien, lähmender Bürokratie oder endlosen Meetings genervt sein muss. Ich träume von einer Welt, in der sich niemand morgens in sein Büro oder in seine Werkstatt quälen muss, nur um sehnsüchtig die Stunden bis zum Feierabend herunterzuzählen.

Es ist der Traum vom Ende der dummen Arbeit. Ein großes Ziel, keine Frage. Und es wäre auch viel leichter, sich immer nur zu beschweren, Angst vor der Zukunft zu schüren und die Digitalisierung nur als Bedrohung und nicht auch als Chance zu sehen. Nur denken Unternehmer so nicht. Sie sehen die Chancen, wenn andere nur jammern. Sie greifen nach ihnen, während andere noch überlegen. Das Ende der dummen Arbeit ist ein großes Ziel, für das es Mut und Lust auf Neues braucht. Aber es ist eben auch zum Greifen nahe – und korrigiere mich, wenn ich falschliege: Du bist auf dem allerbesten Weg dahin. Egal, ob du Manager, Chef oder Mitarbeiter bist: Als Unternehmer im Unternehmen halten wir die Zukunft in *unseren* Händen.

Dank

Für dieses Buch habe ich viele Menschen interviewt, die in unterschiedlichen Rollen daran mitwirken, Startup-Spirit in Unternehmen zu bringen. Ihre Geschichten haben mich beim Schreiben enorm inspiriert, und ihre Offenheit und die Bereitschaft, Erfahrungen und Informationen mit mir zu teilen, hat mich sehr beeindruckt und immer wieder ermutigt.

Allen, die sich die Zeit genommen haben, mit mir zu sprechen, möchte ich Danke sagen: Ohne euch hätte dieses Buch nie entstehen können. Ich wünsche euch und euren unternehmerischen Aktivitäten viel Erfolg.

Zeynep Balioglu, Patrick Baur, Nina Brenndörfer, Manuel Gerres, Hannah Grethlein, Alexandra Hils, Lars Hirschbach, Manuel Holzhauer, Andrea Jochum, Andrea Kahlenberg, Michael Konder, Kathrina Meisl, Florian Messner-Schmitt, Frauke Mispagel, Matthias Patz, Timm Richter, Daniel Rook, Sophia von Rundstedt, Pia Schädler, Jürgen Schirm, Georg Schmidinger, Philipp Schulte, Ursula Schütze-Kreilkamp, Caterine Schwierz, Holger Teske, Tom Van den Brulle, Kris Van Lancker, Claus Verfürth, Tobias Wittich, Markus Ziegler, Alexander Zirl

Felix Plötz

Das 4-Stunden-Startup

Wie Sie Ihre Träume
verwirklichen ohne
zu kündigen

Klappenbroschur.
Auch als E-Book erhältlich.
www.econ.de

Mach Dein eigenes Ding! Nebenher!

Neben der Arbeit sein eigenes Ding machen – geht
das? Ja! Ein 4-Stunden-Startup bietet mehr Geld, mehr
Freiheit und mehr Platz für Träume. Vor allem aber: die
Sicherheit einer Festanstellung. Felix Plötz hat bereits
mehrfach »nebenbei« gegründet. Er kennt die wichtigen Tipps und Tricks, um aus einer Leidenschaft eine
Geschäftsidee zu machen. Authentische Beispiele zeigen, welche Ideen andere umgesetzt haben – und wie
ihr Leben aufregender, selbstbestimmter und finanziell
unabhängiger wurde.

*Felix Plötz »wird als Mutmacher in Sachen Selbständigkeit
gefeiert«.* **Berner Zeitung, 15.03.2016**

Econ